Variational Principles and Physics

変分原理と物理学

Masuo Suzuki

鈴木増雄 著

丸善出版

序　文

最近，自由な時間が増えてきて気持ちにゆとりができたせいか，興味の対象がますます広くなった。専門の（統計）物理学に関わりのある情報理論や数学はいうに及ばず，化学，生物物理，哲学，文学，美術と心を惹かれ，図書館に通うことも多くなった。物理の分野にかぎっても，いままで参加したこともないようなテーマの研究会や講演会にも出かけるようになった。自分のこれまでの人生体験に照らして，何らかの共通性の度合いに応じて共感を覚える。しかも，このような受け身な日々の送り方だけでは飽き足らず，積極的に参加し自ら話をしたくなる。そのさいに，若い人が聞いてわくわくするような新しい研究成果を，いつも話せるとはかぎらない。ときには昔の研究成果を，いま流行しているテーマとの関わり方に視点を置いて話すこともある。いずれにしても，多くの人々が強い関心をもって熱心に聴くのは何かというと，研究内容の詳細ではなくて，研究の動機や（失敗経験も含む）研究過程，およびその研究の意義（いままでの研究とどこが違うのか，より進んでいるかということ）のほうである。実際，くわしい計算を示されても，同じテーマの研究者以外は，その場で理解するのは困難である。たとえ，ひとつひとつの計算がわかっても，「Aha!」と直観的な理解にまで達しないと，記憶に残るものとはならないであろう。

　これをさらに敷延して，自然法則のとらえ方について考えてみると，それにはさまざまな形式があるが，それらを大きく分けると，微分方程式のような局所的な表現形式と，積分で表されるような大局的な定式化となる。本書のテーマである変分原理は後者の視点に立つものであり，自然法則の直観的なとらえ方を与える「もっとも美しい形式」といえるであろう。こうした原理は，積分

iv　序　文

形式を用いず，言葉，すなわち概念的な表現にすると，しばしば適用範囲を越えて一般的に成り立つ要請，または研究の作業仮説としての色彩を帯びてくる。研究が進むにつれて，その適用範囲が明らかになったり，新しい視点の原理へと発展する。このような状況を，本書では最近の研究成果もふまえて，わかりやすく説明したい。

　なお，本書は2012年4月から2013年5月まで，同タイトルで雑誌「パリティ」に連載した講座をまとめ，その後の研究を加筆した。雑誌で購読された読者諸氏にも改めてご一読いただければ幸いである。

　2015年10月　　　　　　　　　　　　　　　　　　　　　　　鈴木増雄

目　次

第1章　自然法則のとらえ方と変分原理：大局的視点⋯⋯⋯⋯⋯⋯⋯⋯⋯ *1*

1.1　変分法とは ⋯⋯⋯⋯⋯⋯⋯⋯⋯⋯⋯⋯⋯⋯⋯⋯⋯⋯⋯⋯⋯⋯⋯⋯⋯ *1*

1.2　制約条件つきの変分問題とラグランジュの未定係数法 ⋯⋯⋯⋯⋯⋯ *3*

1.3　簡単な例——等周問題 ⋯⋯⋯⋯⋯⋯⋯⋯⋯⋯⋯⋯⋯⋯⋯⋯⋯⋯⋯⋯ *4*

1.4　大局的視点と局所的視点 ⋯⋯⋯⋯⋯⋯⋯⋯⋯⋯⋯⋯⋯⋯⋯⋯⋯⋯⋯ *7*

1.5　物理と価値観——可逆と不可逆 ⋯⋯⋯⋯⋯⋯⋯⋯⋯⋯⋯⋯⋯⋯⋯⋯ *8*

第2章　光・波動の変分原理と変分学の逆問題⋯⋯⋯⋯⋯⋯⋯⋯⋯⋯⋯ *13*

2.1　幾何光学の変分原理 ⋯⋯⋯⋯⋯⋯⋯⋯⋯⋯⋯⋯⋯⋯⋯⋯⋯⋯⋯⋯ *14*

2.2　波動と変分原理 ⋯⋯⋯⋯⋯⋯⋯⋯⋯⋯⋯⋯⋯⋯⋯⋯⋯⋯⋯⋯⋯⋯ *15*

2.3　変分学の逆問題 ⋯⋯⋯⋯⋯⋯⋯⋯⋯⋯⋯⋯⋯⋯⋯⋯⋯⋯⋯⋯⋯⋯ *16*

　2.3.1　物理法則が2階微分方程式で表される場合のオイラーの方程式⋯⋯ *16*

　2.3.2　定常な拡散方程式と変分原理 ⋯⋯⋯⋯⋯⋯⋯⋯⋯⋯⋯⋯⋯⋯ *17*

　2.3.3　ポテンシャル中の運動と変分原理 ⋯⋯⋯⋯⋯⋯⋯⋯⋯⋯⋯⋯ *19*

2.4　物理法則が多変数2階偏微分方程式で表される場合のオイラーの
　　　方程式とその応用 ⋯⋯⋯⋯⋯⋯⋯⋯⋯⋯⋯⋯⋯⋯⋯⋯⋯⋯⋯⋯⋯ *20*

　2.4.1　波動方程式の変分原理への応用 ⋯⋯⋯⋯⋯⋯⋯⋯⋯⋯⋯⋯⋯ *21*

2.5　拡散方程式の代数的解法と変分原理からみた解の特徴 ⋯⋯⋯⋯⋯⋯ *22*

2.6　ドリフトをともなう拡散現象への拡張とリー代数的解法 ⋯⋯⋯⋯⋯ *24*

2.7　アインシュタインの逆転の発想法 ⋯⋯⋯⋯⋯⋯⋯⋯⋯⋯⋯⋯⋯⋯⋯ *25*

vi　目　次

第3章　力学法則と変分原理……………………………………………… *31*

3.1　力学の変分原理にはなぜラグランジアンか？…………………… *32*

3.2　変分原理による力学の法則の定式化の利点……………………… *34*

3.3　一般座標とラグランジュの運動方程式…………………………… *37*

3.4　ハミルトン–ヤコビの理論………………………………………… *38*

3.5　理論の普遍的な構造と法則の類似性……………………………… *40*

3.6　エネルギーの保存則とオイラーの方程式の中間積分…………… *40*

3.7　粒子の軌道に関する変分原理と光学のフェルマーの定理……… *41*

3.8　重力中での粒子の軌道……………………………………………… *42*

3.9　屈折率 $n = n(y)$ の媒質中での光の経路………………………… *45*

3.10　特殊相対論的力学と変分原理…………………………………… *45*

　3.10.1　光速度不変とローレンツ変換…………………………… *46*

　3.10.2　質量とエネルギーの等価性と原子力エネルギー……… *48*

第4章　場（電磁場）の理論と変分原理…………………………… *55*

4.1　マクスウェルの電磁場理論………………………………………… *55*

4.2　マクスウェル方程式とゲージ変換………………………………… *57*

4.3　マクスウェル方程式のローレンツ不変性………………………… *59*

4.4　場の理論と変分原理………………………………………………… *61*

4.5　電磁場理論の変分原理……………………………………………… *62*

第5章　量子解析と経路積分（経路和）…………………………… *67*

5.1　量子解析（非可換演算子の関数解析）…………………………… *67*

5.2　テイラー展開（高次量子微分 $d^n f(A)/dA^n$）………………… *72*

5.3　量子解析の有益な公式と BCH 公式への応用…………………… *73*

5.4　指数積分解と ST 変換（経路和の方法）………………………… *76*

5.5　ファインマンの経路積分と量子化………………………………… *81*

5.6　経路積分と古典–量子対応………………………………………… *82*

第6章 ファインマンの経路積分 ……… 93

6.1 ファインマンの経路積分からシュレーディンガー方程式を求める …… 94

6.2 シュレーディンガー方程式から経路積分表式を求める ……… 96

6.3 ファインマンの経路積分の真髄 ……… 101

6.4 自由粒子の経路積分 ……… 101

6.5 調和振動子の経路積分とフーリエ級数による評価 ……… 104

6.6 確率振幅とハミルトニアンの固有関数, 固有値との関係 ……… 107

6.7 強制調和振動子の確率振幅 ……… 109

6.8 経路積分のさまざまな応用 ……… 111

第7章 熱力学の変分原理と相反法則 ……… 115

7.1 熱利用の歴史 ……… 115

7.2 熱エネルギーと熱力学の第1法則(エネルギー保存則) ……… 117

7.3 熱力学の第2法則(エントロピー増大則) ……… 117

7.4 熱力学の相反法則 ……… 119

    7.4.1 内部エネルギー U ……… 119

    7.4.2 ヘルムホルツの自由エネルギー F ……… 120

    7.4.3 ギブスの自由エネルギー G ……… 121

    7.4.4 エントロピー S の変分とボルツマンの統計力学 ……… 122

7.5 相平衡とクラペイロン-クラウジウスの式(2相共存線) ……… 123

7.6 相転移の変分理論(ランダウの2次相転移の現象論) ……… 125

7.7 非対称な自由エネルギーを用いた相転移の変分理論 ……… 127

7.8 熱力学の広がり ……… 128

第8章 統計力学と変分原理 ……… 131

8.1 統計力学は熱力学をミクロに解釈することから始まる ……… 131

8.2 カノニカル分布(正準分布) ……… 133

8.3 ミクロカノニカル分布, 等重率の原理, およびボルツマンの原理 …… 135

8.4 ボルツマンの古典分布 ……… 136

viii 目 次

8.5 ヘルムホルツの自由エネルギーのミクロな表式 $\cdots\cdots\cdots\cdots\cdots$ *137*

8.6 カノニカル分布の密度行列による表現とエントロピーの公式 $\cdots\cdots\cdots$ *139*

8.7 よく使われる統計力学の変分公式とその応用 $\cdots\cdots\cdots\cdots\cdots\cdots$ *142*

8.8 変分原理による平均場理論の定式化 $\cdots\cdots\cdots\cdots\cdots\cdots\cdots\cdots$ *143*

8.9 統計力学の特徴 $\cdots\cdots\cdots\cdots\cdots\cdots\cdots\cdots\cdots\cdots\cdots\cdots\cdots\cdots\cdots$ *147*

第9章 非平衡統計力学と変分原理 $\cdots\cdots\cdots\cdots\cdots\cdots\cdots\cdots\cdots\cdots\cdots$ *153*

9.1 不可逆性とエントロピー生成 $\cdots\cdots\cdots\cdots\cdots\cdots\cdots\cdots\cdots\cdots\cdots$ *153*

9.1.1 アインシュタインのブラウン運動の理論 $\cdots\cdots\cdots\cdots\cdots\cdots$ *153*

9.1.2 電場中の荷電粒子のブラウン運動と電気抵抗 $\cdots\cdots\cdots\cdots$ *157*

9.1.3 オンサーガーの相反定理と変分原理

(エントロピー生成最小の原理) $\cdots\cdots\cdots\cdots\cdots\cdots\cdots$ *159*

9.1.4 電気伝導の変分原理に関するファインマンの例示 $\cdots\cdots\cdots$ *160*

9.1.5 変分原理を用いたホイートストンブリッジ電気回路の解析 $\cdots\cdots$ *161*

9.2 線形非平衡現象におけるエントロピー生成のミクロな理論 $\cdots\cdots\cdots$ *162*

9.2.1 フォン・ノイマン方程式

(時間に依存した密度行列 $\rho(t)$ に関する方程式) $\cdots\cdots\cdots\cdots$ *163*

9.2.2 $\rho(t)$ の時間微分と量子微分 $\cdots\cdots\cdots\cdots\cdots\cdots\cdots\cdots\cdots$ *163*

9.2.3 久保の線形応答理論と非線形輸送現象への拡張 $\cdots\cdots\cdots\cdots$ *164*

9.2.4 線形および非線形輸送現象における不可逆性とエントロピー

生成 $\cdots\cdots\cdots\cdots\cdots\cdots\cdots\cdots\cdots\cdots\cdots\cdots\cdots\cdots\cdots\cdots\cdots$ *166*

9.2.5 不可逆輸送現象を扱うときのエントロピーの新しい定義 $\cdots\cdots$ *167*

9.2.6 定常状態におけるエントロピー生成 $\cdots\cdots\cdots\cdots\cdots\cdots\cdots$ *168*

9.2.7 新理論からみたエネルギー保存則 $\cdots\cdots\cdots\cdots\cdots\cdots\cdots$ *171*

9.2.8 ブラウン運動の理論を用いた不可逆性・エントロピー生成の

説明 $\cdots\cdots\cdots\cdots\cdots\cdots\cdots\cdots\cdots\cdots\cdots\cdots\cdots\cdots\cdots\cdots$ *171*

9.2.9 一定の力を受けたブラウン粒子の運動とエントロピー生成・

不可逆性 $\cdots\cdots\cdots\cdots\cdots\cdots\cdots\cdots\cdots\cdots\cdots\cdots\cdots\cdots$ *171*

9.2.10 直流電圧下での電気伝導とエントロピー生成 $\cdots\cdots\cdots\cdots$ *175*

9.2.11 線形現象から非線形現象までのエントロピー生成 ……………… *175*

9.3 非線形非平衡現象における積分形のエントロピー生成最小の原理 ····· *176*

9.3.1 変分原理の概念的意義 ……………………………………………… *176*

9.3.2 線形応答と非線形応答とでは変分原理の何が本質的に異なるか… *177*

9.3.3 非線形電気回路の例での新しい変分原理の発見 …………………… *178*

9.3.4 新変分原理の一般的定式化 ………………………………………… *180*

9.3.5 逆問題を解いて変分関数 $Q(r)$ および $\bar{Q}(r)$ を求める ……………… *183*

9.3.6 旧方式の変分原理を仮に使った結果との比較：新変分原理の
物理的意義 …………………………………………………………… *185*

9.3.7 積分形のエントロピー生成の物理的意義 ………………………… *186*

9.4 個別変分原理とその応用に向けて ……………………………………… *187*

9.4.1 複数個の外力のある場合の‘個別変分原理’ ……………………… *187*

9.4.2 グランズドルフ–プリゴジンの「発展規準」の導出 ……………… *189*

9.4.3 磁気単極子（モノポール）と非平衡統計力学 …………………… *193*

9.4.4 非一様磁場中の磁気モーメントの拡散現象と脳科学への応用
（拡散MRI） ………………………………………………………… *193*

9.4.5 非定常な不可逆現象に対する変分原理について ………………… *193*

9.5 散逸ダイナミクスの変分原理 …………………………………………… *194*

9.5.1 散逸力学系の変分原理の難しさ …………………………………… *194*

9.5.2 散逸系のモデル方程式と熱エネルギーを含めたエネルギー
保存則 ………………………………………………………………… *195*

9.5.3 散逸ダイナミクスの物理的散逸ラグランジアンの発見 ………… *196*

9.6 緩和現象における不可逆性・エントロピー生成 ……………………… *197*

9.7 おわりに …………………………………………………………………… *197*

補遺1 熱の変化量とエントロピー生成 ………………………………………… *10*

補遺2 多変数の変分法におけるオイラーの方程式(2.27)の導出 …………… *25*

補遺3 リー代数（リー群）と指数積公式(2.46) ……………………………… *27*

補遺4 曲率半径と曲率 …………………………………………………………… *50*

x　　目　次

補遺5　指数演算子 e^{A+B} のテイラー展開に関する従来の導出法 ……………… *83*

補遺6　べき演算子 A^m の量子微分 dA^m/dA の導出 ………………………… *84*

補遺7　BCH公式と式(5.32)の導出 ………………………………………… *86*

補遺8　高次の量子微分の導出 ……………………………………………… *88*

補遺9　交換子 $[f(A), g(B)]$ の公式(5.24)の応用例 ……………………… *90*

補遺10　トロッター公式の収束性(有界な演算子の場合) …………………… *112*

補遺11　指数演算子 e^{A+xB} のテイラー展開に関する従来の導出法 ………… *147*

補遺12　スピングラスの臨界現象(非線形磁化率 χ_2 の発散) ……………… *149*

補遺13　ランジュバン方程式(9.1)の解と式(9.7)の導出 …………………… *198*

補遺14　いままでの非平衡エントロピーの定義とエントロピー生成理論
　　　　の問題点 ………………………………………………………… *198*

さくいん ……………………………………………………………………… *203*

第1章

自然法則のとらえ方と変分原理：大局的視点

　物理現象を記述する自然法則を大域的にとらえる「物理の変分原理」を説明する準備として，数学的道具としての「変分法」について最初に復習しておく。大域的にとらえる変分法の問題を解くには，局所的にとらえる微分方程式を扱う問題に変換する。それがオイラーの方程式である。これを問題に課された境界条件を満たすように解くことにより，もとの変分法の解が求まることになる。簡単な例として，幾何学の等周問題を説明する。すなわち，「一定の長さの曲線で囲まれる面積を最大にする曲線は何か」を解く問題を扱う。答えはよく知られているように円となるが，これは，変分法の説明には格好の問題である。極限操作を含む論法を許すならば，円を多角形で近似し，周の長さを一定にしたときの多角形で面積最大のものは正多角形であることは，代数公式を用いても証明できる。しかし，両者の方法を比較すると，変分法がいかに強力な一般的な方法であるかがわかる。

1.1　変分法とは

　変分原理を表現し，それと既存の局所的表現との関係を議論するための数学的手段が変分法である[1),2)]。そこでまず，変分法とは何か，その歴史的な起こりから説明しよう。17世紀にベルヌーイ（T. Bernoulli）によって始められ，18世紀にオイラー（L. Euler）やラグランジュ（J. L. Lagrange）によって具体的に

数多くの問題が解かれ，その解法も発展した。

変分法の"変分"とは，もともとxがaから少し変化して$a + \Delta x$になったときのΔxを，独立変数xの変分という。それに応じて，関数$f(x)$が$f(a) + \Delta f$に変化すれば，Δfを従属変数または関数の変分という。任意の（条件内の）変分Δxに対して，変分Δfが$\Delta f \geq 0$であれば，$f(x)$は$x = a$で最小となる。比$\Delta f / \Delta x$の$\Delta x \to 0$の極限は微分$\mathrm{d}f/\mathrm{d}x$となるから，関数の最大・最小の問題は，微分係数がゼロになる点を求めることに帰着される。独立変数がx_1, x_2, …と多くなっても，同様に変分$|\Delta x_i|$に対する従属変数の変分Δfを調べることにより，最大・最小（または極大・極小）を与える$|x_i|$が求まることになる。連続の極限では，あるパラメーターt（たとえば時間）を用いて，xは$x(t)$と表され，fは$x(t)$だけでなく，$x'(t) = \mathrm{d}x/\mathrm{d}t$や$t$も含むようになり，

$$I = \int_{t_0}^{t_1} f\big(t, x(t), x'(t)\big)\mathrm{d}t \tag{1.1}$$

のような定積分の最大・最小の問題を考えることになる。この場合には，求める解は関数となる。式（1.1）のIは，関数を変数として定まる積分であるから，汎関数とよばれる。

さて，$x(t)$を$\eta(t)$だけ変化させたときのIの変分を，$\eta(t)$の1次まで求めると，部分積分により，

$$\begin{aligned}
\delta I &= \int_{t_0}^{t_1} \big(f_x \cdot \eta(t) + f_{x'} \cdot \eta'(t)\big)\mathrm{d}t \\
&= \int_{t_0}^{t_1} \left(f_x - \frac{\mathrm{d}}{\mathrm{d}t} f_{x'}\right)\eta(t)\mathrm{d}t + \Big[f_{x'}\,\eta(t)\Big]_{t_0}^{t_1}
\end{aligned} \tag{1.2}$$

となる。ここで，f_xや$f_{x'}$はそれぞれ，fのxに関する偏微分$\partial f/\partial x$やfのx'に関する偏微分$\partial f/\partial x'$を表す。境界条件$\eta(t_1) = \eta(t_0) = 0$より，式（1.2）の第2項はゼロとなる。この境界条件を満たす任意の変分$\eta(t)$に対して，$\delta I = 0$となる条件は

$$\frac{\mathrm{d}}{\mathrm{d}t}f_{x'} - f_x = 0 \tag{1.3}$$

となる。これは，オイラーの方程式とよばれる変分法の基本式である。

　通常の数学の本では，独立変数 t の代わりに x を，従属変数 x の代わりに y を用いることが多い。この記号では，オイラーの方程式は

$$\frac{\mathrm{d}}{\mathrm{d}x}f_{y'} - f_y = f_{y'y'}y'' + f_{y'y}y' + f_{y'x} - f_y = 0 \tag{1.4}$$

と書ける。ここで，$f_{y'y'}$，$f_{y'y}$，および $f_{y'x}$ は，偏微分 $f_{y'}$ をさらに，それぞれ y'，y，および x で偏微分した関数，すなわち2階偏微分関数を表す。式(1.4)は，以下の解説でよく使われる基本の式である。この式は，容易に

$$\frac{\mathrm{d}}{\mathrm{d}x}\left(f - y'f_{y'}\right) = \frac{\partial f}{\partial x} \tag{1.5}$$

と書き直せる。したがって，f が x を陽に含まないときは，$\partial f/\partial x = 0$ より

$$f - y'\frac{\partial f}{\partial y'} = c \quad (\text{定数}) \tag{1.6}$$

となる。これもよく用いられる1階の微分方程式である。

1.2　制約条件つきの変分問題とラグランジュの未定係数法

　次のような積分

$$J = \int_{x_0}^{x_1} g(x, y, y')\mathrm{d}x \tag{1.7}$$

がある定数の値をとるという条件のもとで，積分

$$I = \int_{x_0}^{x_1} f(x, y, y') \mathrm{d}x \tag{1.8}$$

の最小値または最大値を求める場合には，ラグランジュの未定係数 λ を導入して，$I + \lambda J$ の極値を，制約条件なしに調べればよい[1),2)]。すなわち，制約条件のもとに積分 I を極値にする関数 $y(x)$ は，次の方程式を満たす。

$$\frac{\mathrm{d}}{\mathrm{d}x} f_{y'} - f_y + \lambda \left(\frac{\mathrm{d}}{\mathrm{d}x} g_{y'} - g_y \right) = 0 \tag{1.9}$$

一般に，積分 I を極値にするような関数 $y = y(x)$ を停留関数（stationary function），または停留曲線（stationary curve）とよぶ。

1.3 簡単な例——等周問題

　物理の変分原理の議論に入る前に，準備としてよく知られた数学的問題の例をあげ，（数学的厳密さにはこだわらず）変分法の特徴と解き方を説明する。

　まず，通常の関数の極値を求める問題に帰着する，「多角形の周の長さを一定にして，その面積を最大にする」という問題を考える。答はよく知られているとおり，正多角形である。任意の三角形に対しては，代数不等式

$$\sqrt[3]{abc} \leq \frac{a+b+c}{3}; \quad a > 0, \quad b > 0, \quad c > 0 \tag{1.10}$$

と，三角形の面積 S の公式

$$S = \sqrt{s(s-s_1)(s-s_2)(s-s_3)}$$

（ただし，s_1, s_2, s_3 は1辺の長さを表し，$s = (s_1 + s_2 + s_3)/2$ である）を用いてただちに証明できる。より直観的（または幾何学的）には，1辺を固定し，他の2辺の和を一定にしたとき，面積が最大になる三角形は二等辺三角形であるこ

と（2次式の極値の問題に帰着）をくり返し使えば，答が得られる。この直観的幾何学的方法は，四角形以上の多角形に対しても拡張できる。すなわち，三角分割の仕方を変えながら二等辺的に変換していくと，どの三角形の外側の2辺の長さも互いに近づいていき，やがて最後にみな等しくなり，形も合同になって，正多角形が最大面積を与える図形となる。いわば，相加相乗平均不等式の無限回の応用に相当する。これは手順のくり返しである。こうして，任意の閉じた等周の曲線の中で，面積が最大の図形は円であるという結論に達する。

　次に，汎関数を用いた変分法による解き方を説明する。ふつうの数学書では，面積 I を汎関数で表すさいに，極座標を用いたり，ストークス（G. G. Stokes）の定理に基づいて線積分を用いたりと，説明が必ずしもわかりやすくない。また，それらの解法もやや複雑であり，変分法の導入的な説明には適当でないように思われる。ここでは（論理的でなく）直観的すぎるかもしれないが，筆者の工夫による，この等周問題に対する簡単な変分法的とり扱い方を紹介する。

　上の議論からも容易にわかるように，一般的な等周問題を解くには，〈図1.1〉のような x 軸に関して対称な（1価の）曲線 $y = y(x)$ で囲まれた図形の面積を最大にする問題を扱えばよいことになる。ただし，線分の長さ J は一定にし，x_0 と x_1 は変分パラメーターと考える（後でわかるように J によって決まる）。曲線 x から $x + \Delta x$（それに応じて y は y から $y + \Delta y$ まで変化する）までの微小な長さ Δl は

$$\Delta l = \sqrt{\left(\Delta x\right)^2 + \left(\Delta y\right)^2} = \sqrt{1 + \left(\Delta y / \Delta x\right)^2} \cdot \Delta x \quad \rightarrow \quad \sqrt{1 + \left(y'(x)\right)^2}\,\mathrm{d}x$$

となるから，全体の曲線の長さ J は

$$J = 2\int_{x_0}^{x_1} \sqrt{1 + \left(y'\right)^2}\,\mathrm{d}x \tag{1.11}$$

となる。面積 I は

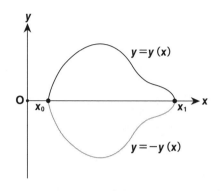

〈図1.1〉 x 軸に関して対称な曲線で囲まれた図形の面積を最大にする問題
曲線の長さ J は一定とする。また，x_0 と x_1 は $x_1 - x_0 \leq J/2$ の条件を満たす。$x_1 - x_0 = J/\pi$ 以外の場合は，求める曲線は円弧（の和）になる。円弧が半円になるとき，最初の等周問題の解が得られる。

$$I = 2\int_{x_0}^{x_1} y\,\mathrm{d}x \tag{1.12}$$

と簡単に表せる（ここが工夫したポイントである）。一般論にしたがってラグランジュの未定係数 λ を導入して，$I + \lambda J$ を最大にするように曲線 $y = y(x)$ を決める。この式は x を陽に含まないので，オイラーの方程式は式(1.6)となり，これに式(1.11)と(1.12)を代入すると

$$y + \lambda \left(\sqrt{1+(y')^2} - y' \cdot \frac{y'}{\sqrt{1+(y')^2}} \right) = c \tag{1.13}$$

となる。これを変形すると，容易に

$$y' \equiv \frac{\mathrm{d}y}{\mathrm{d}x} = \pm \frac{\sqrt{\lambda^2 - (y-c)^2}}{y-c} \tag{1.14}$$

という変数分離形の微分方程式になる。この解は，bをもう1つの任意定数として

$$(x-b)^2 + (y-c)^2 = \lambda^2 \tag{1.15}$$

という円を表す式（ただし，$\lambda = J/2\pi$ であり，また〈図1.1〉の記法では $b = (x_0 + x_1)/2$，$c = 0$，$x_1 - x_0 = 2\lambda$）が求まる。λとJの関係 $J = 2\pi\lambda$ は，式(1.11)に式(1.15)のyを代入して積分することにより直接計算することもできるが，半径λの円周の長さが$2\pi\lambda$であり，解曲線である円の周の長さがJであることを用いると，ただちに $J = 2\pi\lambda$ であることがわかる。じつは，上の計算からわかるように，x軸の上側の曲線だけを考えても，結果として下側も同じ曲線になり，同じ答に達する。

このように，変分法は対称性の高い解をとり出す働きをしていることがわかる。また，積分Iを一定にして積分Jを最小にするには，$J + \lambda I$を極小にすればよいので，同じ曲線（円）が解になる（双対性）。

1.4 大局的視点と局所的視点

はじめに述べたとおり，自然法則のとらえ方には，変分原理のような大局的な方法と，微分方程式のような局所的な手段がある。ほとんどの物理法則は，まず後者の形式（微分形）で樹立されてきた。ニュートン（I. Newton）の力学の法則もマクスウェル（J. C. Maxwell）の電磁気学も，シュレーディンガー（E. Schrödinger）の量子力学もみなそうである。次章以降でくわしく述べるように，それらが変分原理のような，座標系によらない普遍的な形式で表現されると，自然に対する私たちの理解が深まる。こうして，変分原理を用いると，さまざまに異なる現象も，統一的な様式で理解できるようになる。

後で詳述するように，「自然は無駄を省くように起こる」といえる[3]。物理学のこのような理解の深化をめざして，研究者は日々努力している。

8   第1章　自然法則のとらえ方と変分原理：大局的視点

1.5 物理と価値観——可逆と不可逆

このテーマは，本書の後半でくわしく解説するつもりであるが，筆者のもっとも強調したい事項であるので，本節でその要点を述べて，読者の興味をそそりたいと思う。

次章でくわしく説明する力学の法則，とくにニュートンの運動の第2法則は，

$$m\frac{\mathrm{d}^2}{\mathrm{d}t^2}r = F \tag{1.16}$$

という2階の微分方程式で表される。ここで，mは物体の質量，rはその座標，そしてFは物体に働く力を表す。この方程式の大きな特徴は，時間の反転$t \to -t$に対して不変（可逆的）である，ということである。この系では，運動エネルギーとポテンシャルエネルギーの和は保存され，互いに変換する。

しかし，このような可逆なとり扱いは理想的な系にしか許されず，現実には摩擦などがあり，熱の発生をともない，不可逆性が現れる。熱はエネルギーの一種であるが，ポテンシャルエネルギーや電気エネルギーなどとは質的に異なる。実際，後者の力学的エネルギーはすべて熱に変わることができるが，逆に熱をすべてそのまま力学的エネルギーに変えることは不可能である。これが不可逆性である。つまり，エネルギーには“価値”の違いがあるといってもよいであろう。これが，熱力学（および統計力学）が他の物理学と大きく異なるところである。大学の物理学科で熱力学，とくにエントロピーの概念を学んだとき，力学や電磁気学とはきわめて異質な感じを受ける学生が多いのはこのためである。

少し本筋から離れるが，大学での統計物理学の講義中にエントロピーの話題になると，まず学生に「霜降り白菜（冬，霜が降ってから収穫するもの）はなぜ甘いのか？」と問いかける。それはエントロピー効果である[3]。すなわち，白菜は葉に糖分を増やし（水に混ざりものがあるとエントロピーが大きくなり，氷ができにくくなる），葉を凍りにくくして霜枯れを防ぐのである。

このように生物は，いろいろとエントロピーを増大させながら生命を維持し

ている。生物を含めて，自然現象のほとんどすべてが不可逆的である。これを物理的に表現するのに重要となるのが変分原理である。熱力学によると，温度Tの平衡状態にある系が熱ΔQを受けとると，そのエントロピーは$\Delta S = \Delta Q/T$だけ増える（これがエントロピーの定義である）。したがって，同じ熱量でも高温にある系ではエントロピーは小さく，低温では大きい。そこで，高温の系から低温の系に熱が移動すると，エントロピーが増える。これは不可逆過程である。

ところで，熱の一部を仕事Wに変えて，高温T_1の系のエントロピーの減少Q_1/T_1と低温T_2の系のエントロピーの増大Q_2/T_2が起こったとすると，エネルギー保存則から$W = Q_1 - Q_2$となり，熱力学第2法則（$\Delta S \geq 0$）より$Q_2/T_2 - Q_1/T_1 \geq 0$となる。この不等式の等号が成り立つ場合に可逆となり，とり出せる仕事が最大となる。したがって，$W_{max} = Q_1(1 - T_2/T_1) \equiv \eta Q_1$と与えられる。ここで定義される$\eta = 1 - T_2/T_1$は，理想的(可逆)なカルノーサイクル（Carnot cycle）に対する熱効率であり，通常の熱機関の効率η'はこれより小さい（$\eta' \leq \eta$）。

さて，抵抗Rに電圧Vをかけて電流Iを流し，単位時間あたりIV（W）の電流を消費すると，これと当量のジュール熱（Joule heat）$W = IV$が発生する。これは，輸送現象における典型的な不可逆性である。抵抗体の温度をTとすると，単位時間あたり$dS/dt = IV/T$のエントロピー生成がともなうことになる（補遺1参照）。これはエネルギー保存則に基づく伝統的な説明である[4]。最近，フォン・ノイマン（J. von Neumann）に従う密度行列の対称成分（電場Eなどの外場に関する展開の偶数次の項）から，不可逆性の本質であるエントロピー生成が第一原理的に導出された[5]。これは，オンサーガー（L. Onsager）やプリゴジン（I. Prigogine）の非平衡熱力学的の現象論と，久保流の統計力学的理論[4]との統合ともいえるであろう[5]。

さらに，外場が非常に小さい線形応答の場合には，電気伝導や熱伝導などの定常状態は，エントロピー生成（すなわちエネルギー散逸）最小の原理（典型的な物理の変分原理）で与えられる[6]。さらに，一般的な外場のもとでの非線形応答に対する変分原理を見出すことは，非平衡統計力学の大きな課題の1つで

10　第1章　自然法則のとらえ方と変分原理：大局的視点

あった[6]。この難問は，別の新しい視点に立つ変分原理を導入することで解決される[5),7),8)]。

　以上の例も含めて，本書の後半では，最新の話題と変分原理の関係も紹介する。

補遺1　熱の変化量とエントロピー生成

　エントロピーはクラウジウス（R. J. E. Clausius）によって熱力学的状態量として1885年に導入されたもので，準静的な可逆過程（限りなく平衡に近い状態のみを経由して変化する過程）$a \rightarrow b$における着目する系のエントロピーの変化量ΔSは

$$\Delta S = \int_a^b \frac{dQ}{T} \quad （準静的過程） \tag{A1.1}$$

によって定義される。ただし，dQはその系の熱の変化量を表す。

　さて，温度T_1，T_2の2つの熱平衡状態にある大きな系の間で高温側（温度T_1）から低温側（温度T_2）に熱量Qの熱が移動したときのエントロピーの変化量を考える。高温側では，エントロピー$\Delta S_1 = -Q/T_1$の変化があり，低温側では$\Delta S_2 = Q/T_2$のエントロピーの変化が起こるから，全体のエントロピーの変化量は

$$\Delta S = \frac{Q}{T_2} - \frac{Q}{T_1} = Q\left(\frac{1}{T_2} - \frac{1}{T_1}\right) > 0 \tag{A1.2}$$

となり，増大する。すなわち，不可逆な変化が起こっている。

　また，電気伝導の問題では，電気エネルギーが単位時間あたりジュール熱$W = IV$に変化するので，単位時間あたりのエントロピー生成は

$$\frac{dS}{dt} = \frac{W}{T} = \frac{IV}{T} > 0 \tag{A1.3}$$

で与えられ，電気伝導現象は典型的な不可逆過程であることが熱力学的には容易に理解される。これを統計力学的に理解する問題が，筆者によって肯定的に解決された[5]。

参考文献

1) T. L. チョウ（鈴木増雄，香取眞理，羽田野直道，野々村禎彦訳）:『科学技術者のための数学ハンドブック』朝倉書店（2002）.
2) 林毅，林外志夫:『変分法』コロナ社（1958）.
3) 鈴木増雄:「物理はものの見方を変える！——人の命をも救う」パリティ 2009 年 7 月号 55 ページ.
4) R. Kubo, M. Toda, N. Hashitume: *Statistical Physis* II, Springer（1991），およびその中の引用文献参照.
5) M. Suzuki: Physica A **390**, 1904（2011）; **391**, 1074（2012）; **392**, 314（2013）; **392**, 4279（2013）.
6) D. コンディプティ，I. プリコジン:『現代熱力学』妹尾学，岩元和敏訳，朝倉書店（2001）.
7) M. Suzuki: Prog. Theor. Phys. Suppl., No. 195, 114（2014），および Proceedings of the 12th Asia Pacific Physics Conference, JPS Conf. Proc. **1**, 012128（2014）.
8) 鈴木増雄:手順の分離と統合——指数積分解，秩序生成およびエントロピー生成，『数理物理私の研究』荒木不二洋，江口徹，大矢雅則 編，丸善出版（2012）.

第2章

光・波動の変分原理と変分学の逆問題

　この章では，もっとも身近な光の経路の問題を変分原理でとらえる話から始めよう。天下り的に変分原理を与えて，その解がよく知られた古典的な幾何光学の反射や屈折の法則と一致することを示すだけならば，あまり紙数をとらない[1),2)]。しかし，光は電磁波でありマクスウェルの波動方程式に従うという基本的なところから出発して，本格的に変分原理を導くのは少々面倒である。また，波と粒子性という光の2重性まで考慮して，量子光学的に変分原理を議論するのはさらにやっかいであろう。そこで，次に述べるように，光の変分原理については簡単に幾何光学の範囲にとどめる。ここでは主として，波動などの物理現象を記述する微分形の法則が与えられたとき，それを導くような変分原理がいかにして構築できるかという"変分学の逆問題"を一般的に解説し，次章からの参考に供したい。

　以下，この章の説明の仕方は，通常の数学の教科書のスタイルとは違って，まず具体例で直観的（物理的）な説明を行い，問題の動機づけをしてから，後で一般論を解説し再び前の具体例に戻って，それを応用して解くという発見法的スタイルであることを強調しておきたい。一般解法を知っている読者は，自分で解いてみるのも一興であろう。

2.1 幾何光学の変分原理

物理の原現を見出す1つの方法は，できるかぎり簡単な例で，その現象の本質がわかるような特徴を引き出すことである。そこで，〈図2.1〉のように，光が鏡で反射されて別のところに到達するまでの経路の特徴を調べてみる。〈図2.1b〉からわかるとおり，入射角と反射角とが等しくなるという古典的な反射の法則に従う経路は，光の進み方として最短経路(到達時間が最小)になっている。これは解析的な方法でも容易に示せる[2]。これが，光の進み方に関するフェルマーの変分原理である。この結果は次のように一般化できる。場所によって屈折率nが変わる場合には，光の進路(経路)の長さsのn倍(これを光学距離という)の量の和が最小になるという，変分原理が成り立つ。これを式で表現すると

$$\int_A^B n\mathrm{d}s = 極小 \tag{2.1}$$

となる。ここで，始めの点Aと終わりの点Bを固定して，経路に関して変分をとる。さらに，真空中の光速度をcとすれば，各点の光の速さはc/nとなり，光が微小距離$\mathrm{d}s$を経過する時間$\mathrm{d}t$は

$$\mathrm{d}t = \frac{1}{c}n\mathrm{d}s \tag{2.2}$$

と表されるので，式(2.1)の変分原理は

$$\int_A^B \mathrm{d}t = 極小 \tag{2.3}$$

となる。すなわち，光は最短時間で到達するような経路をとって進むことになる。とくに，屈折率nが一定の場合には，〈図2.1〉の例のように最短距離をとるように進むことになる。

導入部分で述べたとおり，この原理を基礎づけることはここでは省略する。

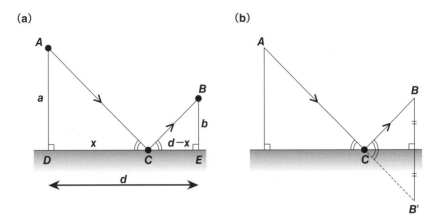

〈図2.1〉光の反射と変分法
(a) 反射の法則より∠ACD = ∠BCEとなり，△ACDと△BCEは相似となる．したがって，$a:x = b:(d-x)$であり，$x = ad/(a+b)$となる．(b) AとBの鏡影点B'を結ぶ直線が鏡と交わる点Cが，光の反射点になる．これは，光の経路AC + CBが最小になる点として与えられる（文献2より引用）．

2.2 波動と変分原理

次に，簡単な1次元波動方程式

$$\frac{\partial^2 \psi}{\partial t^2} - v^2 \frac{\partial^2 \psi}{\partial x^2} = 0 \tag{2.4}$$

を変分原理で表してみよう．すぐわかるように，

$$I = \iint \left(v^2 \left(\frac{\partial \psi}{\partial x} \right)^2 - \left(\frac{\partial \psi}{\partial t} \right)^2 \right) dx dt \tag{2.5}$$

という変分汎関数を考えて変分をつくり，オイラーの方程式を求めると，式(2.4)の波動方程式が得られる．くわしくは後の2.4.1項を参照してほしい．

面白いことに，式(2.5)の被積分関数をゼロとするψは

16　第2章　光・波動の変分原理と変分学の逆問題

$$\psi = f\left(x \pm vt\right) \tag{2.6}$$

と表され，もとの波動方程式の解になっている。ただし，$f(x)$ は任意の関数である。物理的には，2つの作用（I の第1項の空間的変動と第2項の時間的変動）がつり合って波動現象が起こることを示している。このように変分原理で物理法則を表現すると，それがより深く理解できる。

式（2.4）を与えて式（2.5）の変分汎関数を求める問題は，"変分学の逆問題"とよばれる。次にこの問題を議論しよう。

2.3　変分学の逆問題

次章以降の解説でも必要になるので，ここで，変分学の逆問題の解き方を説明しておきたい。ここで，逆問題の解法はあくまで十分条件としての変分関数を与えるオイラーの方程式を求めることであり，必要条件まで求めるものではないことを注意したい。変分関数は1つとは限らないので，多数の中から物理的な変分原理を選び出すことが肝要である。この注意は，後の章で扱う散逸ダイナミクスの物理的な変分原理を見つける際にはとくに重要となる。

2.3.1　物理法則が2階微分方程式で表される場合のオイラーの方程式

独立変数が1個の場合に，物理法則が

$$y'' + a\left(x, y, y'\right) = 0 \tag{2.7}$$

で表されるとする。これを導く変分汎関数が

$$I = \int f\left(x, y, y'\right) \mathrm{d}x \tag{2.8}$$

として，$f(x, y, y')$ を探す。上式の極値を与えるオイラーの方程式は，第1章の式（1.4）で説明したとおり，

$$\frac{\mathrm{d}}{\mathrm{d}x} f_{y'} - f_y = f_{y'y'} y'' + f_{y'y} y' + f_{y'x} - f_y = 0 \tag{2.9}$$

で与えられる。この式から式 (2.7) が導けるように $f(x, y, y')$ を決めれば，逆問題が解けることになる。すなわち，式 (2.9) から式 (2.7) が導けるためには，後者の左辺 $(f_{y'y}y'' + f_{y'y}y' + f_{y'x} - f_y)$ が前者の左辺 $(y'' + a(x, y, y'))$ に，関数として比例していればよい。その比 k は x, y, y' の関数でもよいが，求めたい変分関数 $f(x, y, y')$ が $k(x, y, y')$ に依存することになり，さらに k の関数形を求める問題が生じ，ますます複雑化する。この連鎖をたち切る十分条件は $k = $ 一定 $(\neq 0)$ とすることである（この条件で f が求まらないときは，問題を解くのが困難になる）。その十分条件は次のように表される。

$$\frac{f_{y'y'}}{1} = \frac{f_{y'y}y' + f_{y'x} - f_y}{a(x, y, y')} \equiv k(x, y, y') \tag{2.10}$$

これを一般の $a(x, y, y')$ に対して解く方法を説明するのは面倒でわかりにくいと思われるので，以下ではいくつかの物理的実例について説明する（次章以降にも話題となる物理現象の簡単な例になっているものも多い）。

2.3.2 定常な拡散方程式と変分原理

粒子の拡散は，粒子密度を $n(r)$，粒子流密度を $j(r)$ として，次の拡散方程式

$$j(r) = -\kappa \nabla n(r) \tag{2.11}$$

で現象論的に記述される。ただし，$\nabla \equiv \mathrm{grad}$ は勾配を表す。κ は拡散係数である。粒子数のわき出しがない場合は，

$$\mathrm{div}\, j(r) = -\mathrm{div}(\kappa \nabla n(r)) = 0 \tag{2.12}$$

が成り立つ。さらに，κ が定数となる線形現象の場合には，式 (2.12) は

$$\Delta n(r) \equiv \left(\frac{\partial^2}{\partial x^2} + \frac{\partial^2}{\partial y^2} + \frac{\partial^2}{\partial z^2}\right) n(r) = 0 \tag{2.13}$$

と書ける。とくに 1 次元拡散では，

$$\frac{\mathrm{d}^2}{\mathrm{d}x^2} n(x) = 0 \tag{2.14}$$

18　第2章　光・波動の変分原理と変分学の逆問題

となる。これを与える変分汎関数を，上に述べた"変分学の逆問題"の解法に従って扱うと，次のようになる。

まず，$y = n(x)$ と考えて，式 (2.7) で $a(x, y, y') = 0$ より式 (2.10) は

$$\frac{f_{y'y'}}{1} = \frac{f_{y'y}y' + f_{y'x} - f_y}{0} = k \tag{2.15}$$

と書けるので，$f_{y'y}y' + f_{y'x} - f_y = 0$ および $f_{y'y'} = k$（定数 $\neq 0$）ならばよい。これらを満たす $f = f(x, y, y')$ は

$$f = \frac{k}{2}(y')^2 = \frac{1}{2}k\left(\frac{\mathrm{d}n(x)}{\mathrm{d}x}\right)^2 \tag{2.16}$$

と求められる。こうして，式 (2.14) を極値の関数として与える変分汎関数 I は

$$I = \int_{x_0}^{x_1}\left(\frac{\mathrm{d}n(x)}{\mathrm{d}x}\right)^2 \mathrm{d}x \tag{2.17}$$

となる。すなわち，密度変化の2乗が束縛条件のもとで最小になるように，拡散が起こる。束縛条件としては，$n(x_0) = n_0$，$n(x_1) = n_1$ という境界での粒子密度の差が一定（平均の密度勾配が c で一定）という条件を与えることにする。第1章で説明したラグランジュの未定係数法を用いて（未定係数 λ を導入して），

$$\begin{aligned}
\hat{I}(\lambda) &= I - \lambda(n_1 - n_0 - c(x_1 - x_0)) = I - \lambda\int_{x_0}^{x_1}\frac{\mathrm{d}n(x)}{\mathrm{d}x}\mathrm{d}x + \lambda c(x_1 - x_0) \\
&= \int_{x_0}^{x_1}\left\{\left(\frac{\mathrm{d}n(x)}{\mathrm{d}x}\right)^2 - \lambda\left(\frac{\mathrm{d}n(x)}{\mathrm{d}x}\right)\right\}\mathrm{d}x + \lambda c(x_1 - x_0) \\
&= \int_{x_0}^{x_1}\left(\frac{\mathrm{d}n(x)}{\mathrm{d}x} - \frac{\lambda}{2}\right)^2 \mathrm{d}x - \frac{\lambda^2}{4}(x_1 - x_0) + \lambda c(x_1 - x_0) \\
&= 極小
\end{aligned} \tag{2.18}$$

という条件なしの変分問題に帰着する。この最小値は，式 (2.18) の被積分関数がゼロのときに実現する。すなわち，

$$\frac{\mathrm{d}n(x)}{\mathrm{d}x} = \frac{\lambda}{2} \qquad \therefore \quad n(x) = \frac{\lambda}{2}x + (定数) \tag{2.19}$$

である。境界値 $n(x_0) = n_0$, $n(x_1) = n_1$ を用いると

$$n(x) = \overline{\left(\frac{\mathrm{d}n}{\mathrm{d}x}\right)}(x - x_0) + n_0 \tag{2.20}$$

となり，線形の粒子密度が解となることがわかる。ただし，

$$\overline{\left(\frac{\mathrm{d}n}{\mathrm{d}x}\right)} \equiv \frac{n_1 - n_0}{x_1 - x_0} = \frac{\lambda}{2} = c \tag{2.21}$$

は平均の密度勾配を表し，式(2.18)と(2.19)より，この問題は

$$\hat{I} \equiv \int_{x_0}^{x_1} \left(\frac{\mathrm{d}n}{\mathrm{d}x} - \overline{\left(\frac{\mathrm{d}n}{\mathrm{d}x}\right)}\right)^2 \mathrm{d}x \tag{2.22}$$

を最小にすることに帰着することがわかる。物理的にいえば，拡散現象の定常
状態は，密度勾配のゆらぎが最小になるように実現される。もちろん，もとの
方程式(2.14)の解 $n(x) = ax + b$（ただし，a と b は積分定数）を用いたほうが，手っ
とり早く式(2.20)が得られる。しかし，上のように変分原理を用いて物理現象
を定式化すると，その現象に対する理解が質的に深まるのではないだろうか。
直観的な理解ができることになる，といってもよいであろう。

2.3.3 ポテンシャル中の運動と変分原理

　力学の問題は，次章でくわしく述べる予定であるが，逆問題の解き方の典型
的な例として，ここでも簡単にふれておきたい。高さ y にあるときのポテンシャ
ルを $V(y) = mgy$ とすると，その中で垂直に運動する質量 m の物体の運動方程
式は

$$m\frac{\mathrm{d}^2 y}{\mathrm{d}t^2} = -\frac{\mathrm{d}}{\mathrm{d}y}V(y) = -mg \tag{2.23}$$

20　第2章　光・波動の変分原理と変分学の逆問題

で与えられる。逆問題の解の条件式(2.10)で$x = t$とおいて，十分条件として

$$f(t, y, y') = \frac{1}{2}m(y')^2 - mgy \tag{2.24}$$

と求まる。これは通常，天下り的に導入されるラグランジアン$\mathcal{L}$にほかならない。変分汎関数Iは作用

$$I = S = \int_{t_0}^{t_1} \mathcal{L}\mathrm{d}t$$
$$= \int_{t_0}^{t_1} \left(\frac{m}{2}\left(\frac{\mathrm{d}y}{\mathrm{d}t}\right)^2 - V(y(t)) \right)\mathrm{d}t \tag{2.25}$$

となる。じつは，容易にわかるように，$V(y)$は一般の非線形関数でもよい。力学でもっとも基本的な物理量は，運動エネルギーとポテンシャルエネルギーの和で定義されるハミルトニアン$\mathcal{H}$であるが，これは運動の定数となり，変分関数にはならない。ラグランジアンは，上の2つの量の差になっており，上の変分原理は2つの物理量の時間変化がつり合って運動していることを表しているとみることができる。

2.4. 物理法則が多変数2階偏微分方程式で表される場合のオイラーの方程式とその応用

独立変数x, yの関数$u = u(x, y)$に対する物理法則が，xとyに関して（合わせて）2階微分まで含む場合の変分汎関数は，

$$I = \iint f(x, y, u, u_x, u_y)\mathrm{d}x\mathrm{d}y \tag{2.26}$$

で与えられる。前と同様にして，Iの極値を与えるオイラーの方程式は

$$\frac{\partial}{\partial x}f_{u_x} + \frac{\partial}{\partial y}f_{u_y} - f_u = 0 \tag{2.27}$$

と表せる。この式では，偏微分$\partial/\partial x$は，fの中にあるu，u_x，u_yのx依存性に関する微分も含む。式(2.27)の導出に関しては補遺2を参照してほしい。式(2.27)をふつうの偏微分の記号を用いてあらわに書くと，

$$u_{xx}f_{u_xu_x}+2u_{xy}f_{u_xu_y}+u_{yy}f_{u_yu_y}+f_{u_xx}+f_{u_yy}+u_xf_{u_xu}+u_yf_{u_yu}-f_u=0 \tag{2.28}$$

となる。与えられた物理法則を表す微分方程式がこの式(2.28)から導けるように，各係数に対して条件をつけて，それらすべてが満たされるfを探せば，"変分原理の逆問題"が数学的には解けたことになる。不可逆過程の問題のように，数学的変分関数が物理的変分原理を与えるとは限らない場合があるので，注意を要する（後の章を参照のこと）。これ以上一般的に議論するのは，1変数の場合以上に面倒になるので，以下では具体的な物理の簡単な例について説明する。

2.4.1 波動方程式の変分原理への応用

ここで，上に説明した多変数の変分法を波動方程式(2.4)の変分原理へ応用する。変数の文字を一致させるために，オイラーの方程式(2.28)で

$$x=t, \qquad y=x, \qquad u=\psi \tag{2.29}$$

とおき換える。波動方程式(2.4)が式(2.28)から導かれるためには，式(2.28)の中で

$$\psi_{tt}f_{\psi_t\psi_t}+\psi_{xx}f_{\psi_x\psi_x} \tag{2.30}$$

以外の項がゼロになり，この項が

$$\psi_{tt}-v^2\psi_{xx} \tag{2.31}$$

に比例すればよい。これらの条件を満たす1つのfは

$$f=v^2\psi_x^2-\psi_t^2 \tag{2.32}$$

で与えられる。

2.5 拡散方程式の代数的解法と変分原理からみた解の特徴

1次元拡散現象を粒子数密度 $n(x, t)$ を用いて記述する方程式は，次の拡散方程式で与えられる。

$$\frac{\partial n}{\partial t} = D \frac{\partial^2 n}{\partial x^2} \tag{2.33}$$

ただし，$D > 0$。

ここでは，拡散方程式 (2.33) を代数的方法で解き，変分原理的視点から，その解の特徴を説明しよう。初期条件 $n(x, 0) = n_0(x)$ のもとで，$\mathcal{A}$ を演算子として

$$\frac{\partial n}{\partial t} = \mathcal{A} n ; \qquad \mathcal{A} \equiv D \frac{\partial^2}{\partial x^2} \tag{2.34}$$

を形式的に解くと，$n = n(x, t)$ は次の指数演算子で表せる[3]~[5]。

$$n(x, t) = e^{t \mathcal{A}} n_0(x) = e^{t D \partial^2 / \partial x^2} n_0(x) = \frac{1}{\sqrt{4 \pi D t}} \int_{-\infty}^{\infty} e^{-(x-y)^2 / 4 D t} n_0(y) \mathrm{d}y \tag{2.35}$$

この式 (2.35) の最後の等式変形をくわしく説明すると，次のようになる。まず，指数演算子 $e^{t \mathcal{A}}$ は，ふつうの数を変数とする指数関数のテイラー展開と同様に，

$$e^{t \mathcal{A}} = 1 + t \mathcal{A} + \cdots + \frac{t^m}{m!} \mathcal{A}^m + \cdots \tag{2.36}$$

によって定義される。したがって，$\mathcal{A} = D \partial^2 / \partial x^2$ の場合には，

$$e^{t \mathcal{A}} n_0(x) = \sum_{m=0}^{\infty} \frac{(t D)^m}{m!} \frac{\mathrm{d}^{2m}}{\mathrm{d}x^{2m}} n_0(x) = \sum_{m=0}^{\infty} \frac{(t D)^m}{m!} n_0^{(2m)}(x) \tag{2.37}$$

と展開できる。$n_0^{(2m)}(x)$ は $n_0(x)$ の $2m$ 階微分を表す。一方，式 (2.35) の積分は次のように変形できる。

$$\frac{1}{\sqrt{4\pi Dt}} \int_{-\infty}^{\infty} e^{-(y-x)^2/4Dt} n_0\left(x + (y-x)\right) dy = \sum_{m=0}^{\infty} k_m n_0^{(2m)}(x) \tag{2.38}$$

ただし，係数 k_m は $n_0\left(x + (y-x)\right)$ を $(y-x)$ でテイラー展開した $2m$ 次の項を
ガウス積分したものであり，

$$k_m = \frac{1}{\sqrt{4\pi Dt}} \int_{-\infty}^{\infty} e^{-z^2/4Dt} \times z^{2m} dz = \frac{(tD)^m}{m!} \tag{2.39}$$

となり，式 (2.37) は式 (2.38) と一致することがわかる。通常は，ラプラス変
換を用いて拡散方程式を解き，式 (2.35) の最後の積分表示による解を求める。
それを代数的に表現すると，微分演算子の指数関数で形式的に表される。微分
と積分は逆演算の関係にあるが，無限個の微分演算子を用いると，積分が微分
で表現できる。

　一般に，次の公式が成り立つことを容易に示せる。任意の正の整数 k に対して，

$$\exp\left(tD \frac{d^k}{dx^k}\right) f(x) = \int_{-\infty}^{\infty} \varphi_k(x-y,t) f(y) dy \tag{2.40}$$

と表せる。ただし，$\varphi_k(x,t)$ は，$\varphi_k(x,0) = \delta(x)$ を満たす，次の方程式の解（超
関数も含む解）である。

$$\frac{\partial}{\partial t} \varphi_k(x,t) = D \frac{\partial^k}{\partial x^k} \varphi_k(x,t) \tag{2.41}$$

とくに $k = 1$ のときは，関数の平行移動（大域的変換）を表す。

$$\exp\left(a \frac{d}{dx}\right) \cdot f(x) = f(x+a) \tag{2.42}$$

　拡散方程式 (2.33) は，いままでの力学の方程式に固有な時間反転対称性をも
たない。すなわち，変換 $t \rightarrow -t$ を行うと，拡散係数 D が負の式 $(D' = -D)$ になっ
てしまい，解 (2.35) の積分は収束せず，解がない。このことは，不可逆性の本

24　第2章　光・波動の変分原理と変分学の逆問題

質に関わることであり，後の章で議論するように，不可逆な系（散逸系）の変分原理構築の困難さを示している[6),7)]。

2.6　ドリフトをともなう拡散現象への拡張とリー代数的解法

力 γx が働いてドリフトしながら拡散する現象は，粒子数密度 $n(x, t)$ に対する次の方程式で記述される[3)]。

$$\frac{\partial n}{\partial t} = (\mathcal{A} + \mathcal{B})n \tag{2.43}$$

ただし，A と B は次のように定義される演算子である。

$$\mathcal{A} = D\frac{\partial^2}{\partial x^2}, \qquad \mathcal{B} = -\frac{\partial}{\partial x}\gamma x \tag{2.44}$$

ここでも，式 (2.43) の解を代数的に解くことにする。すなわち，n は

$$n = e^{t(\mathcal{A}+\mathcal{B})}n_0 \equiv e^{A+B}n_0; \qquad A = t\mathcal{A}, \qquad B = t\mathcal{B} \tag{2.45}$$

と形式的に与えられる。ここで，演算子 A と B は2次元リー群 $[A, B] = \alpha B$（ただし $\alpha = 2\gamma t$）を構成しているので，指数演算子 e^{A+B} は

$$e^{A+B} = e^A e^{f(\alpha)B}; \qquad f(\alpha) = \frac{1 - e^{-\alpha}}{\alpha} \tag{2.46}$$

とコンパクトに分解される[3)]。リー群と式 (2.46) の導出については補遺3を参照してほしい。こうして，式 (2.45) の形式解は，式 (2.35) と次の公式[3)]

$$e^{f(\alpha)B}n_0(x) = \exp\left(-t\gamma f(\alpha)\frac{\partial}{\partial x}x\right)n_0(x) = e^{-t\gamma f(\alpha)}n_0\left(xe^{-t\gamma f(\alpha)}\right) \tag{2.47}$$

とを用いると

$$n(x,t) = \left\{ \frac{2\pi D\left(\mathrm{e}^{2\gamma t}-1\right)}{\gamma} \right\}^{-1/2} \int_{-\infty}^{\infty} \exp\left\{ -\frac{\left(y-\mathrm{e}^{-\gamma t}x\right)^2}{2D\left(1-\mathrm{e}^{-2\gamma t}/\gamma\right)} \right\} n_0(y)\mathrm{d}y \tag{2.48}$$

とあらわに積分で表される[3]。これから，さまざまな物理的性質が導ける[8]。前節でも注意したとおり，この解の表式は，$t>0$, $D>0$でのみ意味がある[6],[7]。

2.7 アインシュタインの逆転の発想法

　以上，解説してきた"変分学の逆問題"の解き方は，局所的な微分方程式による法則を大域的な積分形で表現するものであり，これはまさしくアインシュタインのブラウン運動の理論における視点と同じものである。ボルツマンは微視的な現象を微視的な運動の様子で表そうとした（エントロピー $S = k_B \log W$；W は微視的な位相空間の状態数）。それに対して，アインシュタインは巨視的な実験結果から微視的な分子の知識を得ようとして，$W = \exp(S/k_B)$ と逆にして考えたり，ブラウン運動の理論をつくりアボガドロ数を実験的に求める方法を提案したりするなど，画期的なアイデアを出した。このように，逆転の発想法は，物理学の発展においてはきわめて重要である。

補遺2 多変数の変分法におけるオイラーの方程式（2.27）の導出

　式（2.26）の変分汎関数 I の変分 δI を求める。関数 $u = u(x,y)$ の変分 δu を $\delta u = \eta(x,y)$ と書くと，u_x, u_y の変分は

$$\delta u_x = \eta_x(x,y) \qquad \text{および} \qquad \delta u_y = \eta_y(x,y) \tag{A2.1}$$

となる。よって，変分 δI は

$$\delta I = \iint \left(f_u \eta + f_{u_x} \eta_x + f_{u_y} \eta_y \right) \mathrm{d}x\mathrm{d}y \tag{A2.2}$$

と書ける。ここで，よく知られたグリーンの公式（面積分を線積分に変換する公式）

$$\iint \left(\frac{\partial}{\partial x} \left(\eta f_{u_x} \right) + \frac{\partial}{\partial y} \left(\eta f_{u_y} \right) \right) \mathrm{d}x\mathrm{d}y = \int_{\text{境界}} \eta \left(f_{u_x} \mathrm{d}y - f_{u_y} \mathrm{d}x \right) \tag{A2.3}$$

を用いると，境界条件より $\eta(x,y) = 0$（境界上）であるから，式（A2.3）の右辺はゼロとなる。よって，式（A2.3）より

$$\iint \left(\eta_x f_{u_x} + \eta_y f_{u_y} \right) \mathrm{d}x\mathrm{d}y = -\iint \eta \left(\frac{\partial}{\partial x} f_{u_x} + \frac{\partial}{\partial y} f_{u_y} \right) \mathrm{d}x\mathrm{d}y \tag{A2.4}$$

となり，η_x, η_y の微分を含む2重積分が η だけを含む2重積分に変換できる。これは，いわば，2重積分の部分積分になっている。1重積分の場合と形式的には同じである（このことは，一般の n 変数に対しても同様に拡張できる）。したがって，変分 δI は

$$\delta I = -\iint \left(\frac{\partial}{\partial x} f_{u_x} + \frac{\partial}{\partial y} f_{u_y} - f_u \right) \eta \mathrm{d}x\mathrm{d}y \tag{A2.5}$$

となる。ここで，η は任意の関数であるから，$\delta I = 0$ よりオイラーの方程式（2.26）が導ける。

ここで，グリーンの公式を表すときに使った偏微分記号 $\partial/\partial x$, $\partial/\partial y$ は次の意味で使われることに注意してほしい：$u = u(x,y)$, $u_x = u_x(x,y)$, $u_y = u_y(x,y)$ に対して

$$\frac{\partial}{\partial x} F\left(x, y, u, u_x, u_y \right) = F_x + u_x F_u + u_{xx} F_{u_x} + u_{yx} F_{u_y} \tag{A2.6}$$

および

$$\frac{\partial}{\partial y} F(x, y, u, u_x, u_y) = F_y + u_y F_u + u_{xy} F_{u_x} + u_{yy} F_{u_y} \qquad (A2.7)$$

という意味の，いわば，xだけ，またはyだけの通常の微分である。

補遺3　リー代数（リー群）と指数積公式（2.46）

典型的なリー代数（リー群）は交換関係

$$[A_i, A_j] = A_i A_j - A_j A_i \qquad (A3.1)$$

を通して構造が与えられる。ここで，とくにn個の演算子（行列）A_1, A_2, $\cdots$, A_nに対して

$$[A_i, A_j] = \sum_{k=1}^{n} \varepsilon_{ij}^k A_k \qquad (A3.2)$$

の交換関係を満たすリー代数（構造定数 $\{\varepsilon_{ij}^k\}$ をもつ線形リー群）が物理では重要な役割を果たす。

ドリフトの項が線形の拡散現象では，拡散演算子Aとドリフト演算子Bが次の交換関係

$$[A, B] = \alpha B; \qquad \alpha = 2\gamma t \qquad (A3.3)$$

を満たす2次リー群（代数）になっている。この交換関係を利用すると，指数演算子$\exp(A + B)$がe^Aとe^Bとを用いて厳密に分解できる。すなわち，任意のλに対して

$$e^{A+B} = e^{\lambda e^\alpha f(\alpha) B} e^A e^{(1-\lambda) f(\alpha) B}; \qquad f(\alpha) = \frac{1 - e^{-\alpha}}{\alpha} \qquad (A3.4)$$

が成り立つ[3]。この公式を証明する方法としては，いろいろな工夫が行われるが，筆者の開発した量子解析の方法がたいへん便利である。ここでは，直

接求めてみる。まず，次の公式が容易に導ける。

$$e^A B e^{-A} = e^{\delta_A} B = e^{\alpha} B; \qquad \delta_A B \equiv \left[A, B \right] \tag{A3.5}$$

および 任意のfに対して

$$e^A e^{fB} e^{-A} = \exp\left(f e^A B e^{-A} \right) = \exp\left(e^{\alpha} f B \right) \tag{A3.6}$$

が成り立つ。次に，式(A3.4)のうちで$\lambda = 0$の場合を証明する。そのために，

$$F(x) = e^{-xA} e^{x(A+B)} \tag{A3.7}$$

とおいて，これをxで微分し，$F(x)$の微分方程式

$$\frac{\mathrm{d}}{\mathrm{d}x} F(x) = e^{-xA} B e^{x(A+B)} = \left(e^{-xA} B e^{xA} \right) F(x) = \left(e^{-x\alpha} B \right) F(x) \tag{A3.8}$$

を導く。ここで，ベーカー–キャンベル–ハウスドル公式（BCH公式）より，$\log F(x)$はAと$A+B$の交換子の線形結合で表されることに注意すると，$F(x)$は演算子Bだけの関数であることがわかる。したがって，微分方程式(A3.8)は通常の微分方程式と同様に解くことができ，初期条件$F(0) = 1$を満たす解は

$$F(x) = \exp\left(B \int_0^x e^{-t\alpha} \mathrm{d}t \right) = \exp\left(x f(\alpha x) B \right) \tag{A3.9}$$

となり，$\lambda = 0$に対する式(A3.4)が証明される。同様に，$\lambda = 1$に対しては，$\tilde{f}(\alpha) = e^{\alpha} f(\alpha)$とおいて

$$e^{A+B} = e^{\tilde{f}(\alpha)B} e^A \tag{A3.10}$$

が導ける。これら2つの式を用いて

$$e^{A+B} = e^{(A+\lambda B) + (1-\lambda)B} = e^{A+\lambda B} e^{f(\alpha)(1-\lambda)B}$$
$$= e^{\lambda \tilde{f}(\alpha)B} e^A e^{(1-\lambda)f(\alpha)B}; \qquad \tilde{f}(\alpha) = e^{\alpha} f(\alpha) = \frac{e^{\alpha} - 1}{\alpha} \tag{A3.11}$$

という公式が得られる。

参考文献

1) 鈴木増雄：パリティ 2012 年 4 月号 48 ページ，およびその参考文献．
2) 鈴木増雄：パリティ 2010 年 8 月号 58 ページ．
3) M. Suzuki: Prog. Theor. Phys. Suppl. **69**, 160(1980)；鈴木増雄：『統計力学』岩波書店(2000)岩波オンデマンドブックス(2016 年 1 月)，および，逆の展開 BCH 公式については，藤井一幸，鈴木達夫，浅田明，待田芳徳，岩井敏洋：『数理の玉手箱』発行遊星社，発売星雲社(2010)；大貫義郎，鈴木増雄，柏太郎『経路積分の方法』岩波書店(2000)などを参照．
4) M. Suzuki: Commun. Math. Phys. **183**, 339(1997)；Prog. Theor. Phys. **100**, 475(1998)；Rev. Math. Phys. **11**, 243(1999).
5) M. Suzuki: Phys. Lett. A**146**, 319(1990)；J. Math. Phys. **32**, 400(1991)；Phys. Lett. A**165**, 387 (1992)；Physica A**191**, 501(1992)；J. Phys. Soc. Jpn. **61**, 3015(1992)；Proc. Japan. Acad. **69**, Ser. B 161(1993).
6) M. Suzuki: Physica A**390**, 1904(2011)；**391**, 1074(2012)；J. Phys. Conf. Ser. 297, 012019(2011), および Physica A**392**, 314, および 4279(2013)；Prog. Theor. Phys. Suppl.(2012)；*Proc. of MSQBIC 2011*, edited by M. Ohya *et al.*, World Scientific, Singapore(2012). JPS Conf. Proc. **1**, 012128 (2014).
7) 鈴木増雄：「手順の分離と統合——指数積分解，秩序生成およびエントロピー生成」，荒木不二洋，江口徹，大矢雅則編『量子数理 物理と数学 私の研究』丸善出版(2012).
8) M. Suzuki: Prog. Theor. Phys. **56**, 77, 477(1976)；*ibid.* **57**, 380(1977)；*ibid.* Suppl. **64**, 402(1978)；Adv. Chem. Phys. **46**, 195(1981)；Int. J. Mod. Phys. B, Vol.**26**, 125 0001(2012).

第3章

力学法則と変分原理

　中学生のとき，教科担当の先生が休んだおり，代わりに来た教頭先生が，教科から離れて三段論法の話をされた。黒板に，

　動物は死ぬものである
　人間は動物である
　よって人間は死ぬものである

と書いて，1時間近くもとりとめもなく（!?）話されたことが妙に忘れられなかった。大学の教養学部で論理学を履修しても，その先生には申し訳ないが，中学生のときのたった1回の講義のほうが，筆者には大きなインパクトがあったように思われる。それは，「論理的に考えるということ自体をまともにとり上げ議論する」ということの重要性を初めて強く意識し，ものを深く考えるようになるきっかけを与えてくれたからである。

　また，数年前の仁科記念講演会で，ノーベル賞受賞者のヤン（C. N. Yang）が，子供のころの数学に関する思い出の1つとして，数学教授だった父親から"鶴亀算"を聞かされたときの話をした[1]。そして，ものの考え方として，"演繹法"と"帰納法"の対照的な2つの方法があることにふれた。（上の問題を代数的に，すなわち演繹的に解くのではなく）鶴と亀の数をいろいろに変えていくときの足の総数の変化の規則を見つける過程にたいへん興味を覚え，これに触発され

32   第3章　力学法則と変分原理

数学が好きになったと，ヤンは若い聴衆に向かって話した。発見は帰納法的な努力によることが多い。最近の学校教育では，演繹法に重点がおかれすぎているように思われる。

　そこで，本書では，できるだけ帰納法的，発見法的な考え方に重点をおいて解説したい[2),3)]。

3.1　力学の変分原理にはなぜラグランジアンか？

　最初に，いちばん簡単な落下運動について考えてみよう。鉛直方向の座標をxとし，重力の加速度をg，質量をmとすると，ニュートンの運動方程式は

$$m\frac{\mathrm{d}^2 x}{\mathrm{d}t^2} = -mg \tag{3.1}$$

である。この法則を変分原理で表現するには，どうしたらよいだろうか。

　多くの教科書では，ラグランジアン$\mathcal{L}$を$\mathcal{L} = T - U$によって定義し，その時間積分，すなわち作用を最小にすればよいと，天下り的に説明している[3),4)]。ただし，Tは運動エネルギー$(T = m(\mathrm{d}x/\mathrm{d}t)^2/2)$，$U$はポテンシャルエネルギー$(U = mgx)$である。

　ここでは，変分原理そのものを探すほうに重点をおく。これは，前章でも説明したとおり，変分原理の逆問題であり，発見法的な議論が必要になる。そこで，変分汎関数Iを

$$I = \int_{t_0}^{t} \mathcal{L}\big(x(t), \dot{x}(t)\big)\mathrm{d}t; \qquad \dot{x}(t) = \frac{\mathrm{d}x}{\mathrm{d}t} \tag{3.2}$$

とおいて，被積分関数$\mathcal{L}(x, \dot{x})$を求めることにする。まず，力$(-mg)$が働いていないトリビアルな自由運動では，$\mathrm{d}^2 x/\mathrm{d}t^2 = 0$が変分問題の解を与えるオイラーの方程式となるはずであり，また$\mathcal{L}$はスカラー（xや$\dot{x}$の向き，符号によらない量）であることに注意する。よって，前章までの変分法に関する一般的説明からも容易にわかるように，$\mathcal{L}$は$(\dot{x}(t))^2$に比例する。その比例定数は変分

に無関係であるから，それを$m/2$とおく。こうすると，$\mathcal{L}$は運動エネルギー $T = mv^2/2$で表され，Iはプランク定数$\hbar$と同じく（エネルギー）×（時間）の次元をもつことになる。次に，重力（$-mg$）の項を変分から導くには，これを積分して$-mgx$を考えればよいことがすぐわかる。これはTと同じくエネルギーの次元をもつので，符号などの数因子のとり方はまだ自由になる。ところで，第1章で述べたように，変分条件$\delta I = 0$はオイラーの方程式

$$\frac{\mathrm{d}}{\mathrm{d}t}\mathcal{L}_{x'} - \mathcal{L}_x = 0 \; ; \qquad x' \equiv \frac{\mathrm{d}x}{\mathrm{d}t} \tag{3.3}$$

で表される。この式からニュートンの方程式(3.1)が導けるように，$T = m(\mathrm{d}x/\mathrm{d}t)^2/2$と$U = mgx$の相対的な係数（符号）を決めると，通常のラグランジアン

$$\mathcal{L} = T - U \tag{3.4}$$

となる。数学的には，変分関数の中の$\dot{x}(t)$の変分$(\delta x)'$を部分積分してδxに変えるときに負符号が現れて，TとUは異符号になる。同符号とするとハミルトニアンになり，これは保存量であるから時間に依存せず，変分をとる意味がなくなる。物理的には，Tの中の速度の変化と，Uの中のxの変化とが互いにつり合って，運動方程式が導かれる。ポテンシャルUが一般の関数でもまったく同様に，変分原理より

$$m\frac{\mathrm{d}^2 x}{\mathrm{d}t^2} + \frac{\mathrm{d}U(x)}{\mathrm{d}x} = 0 \tag{3.5}$$

となる。

　要するに，力学の場合には，変分問題の逆問題の解き方は，変分条件式(3.3)の左辺と運動方程式(3.5)の左辺が関数として，（比例定数を除いて本質的に）同じになるように$\mathcal{L}$を決めることに帰着する。この方法は，本書の後半でも利用する，非線形不可逆過程の変分原理[5]を新しく導出するための準備にもなっている。

　また，大局的な変分原理から，局所的な微分形の法則が導かれる理由を，ファ

34 第3章 力学法則と変分原理

インマン（R. P. Feynman）は次のように説明している[6]。すなわち，時間領域を巨視的な大きさから順次小さくしていっても，各小時間領域でいつでも変分原理が成り立つことを用いると，その時間間隔を限りなく小さくしていくことによって，やがて微分的な関係に帰着されるのである。

3.2 変分原理による力学の法則の定式化の利点

まず，3.1節のように簡単な例で変分原理を見つけると，帰納法的に一般の場合に定式化するのは容易である。すなわち，関係式 $\mathcal{L} = T - U$ が一般的に成り立つことになり，直交座標系に限らず，極座標など任意の座標系で運動方程式を導くことが可能となる。また，束縛条件があるときにもきわめて有効である。

たとえば，高校物理でもよく扱われる斜面上の運動や，球面上の運動の問題を一般化して，〈図3.1〉のように $z = f(x, y)$ 面上に制約された運動を考える。そのラグランジアン $\mathcal{L} = T - U$ に対して，T と U は

$$T = \frac{1}{2}m\left(\dot{x}^2 + \dot{y}^2 + \dot{z}^2\right)$$
$$= \frac{1}{2}m\left(\left(1+f_x^2\right)\dot{x}^2 + \left(1+f_y^2\right)\dot{y}^2\right) + mf_x f_y \dot{x}\dot{y} \tag{3.6a}$$

$$U = mgf \tag{3.6b}$$

と書ける（ここで，T の導出法として，$\dot{z}^2$ を $z = f(x, y)$ を用いて変形した）。そこで，変分原理に対するオイラーの方程式は変分 δx と δy に関して

$$m\left(\left(1+f_x^2\right)+f_x f_y \dot{y}\right)\ddot{x} + m\left(f_x f_{xx}\dot{x}^2 + f_y f_{yx}\dot{y}^2\right) + m\left(f_{xx}f_y + f_x f_{yx}\right)\dot{x}\dot{y} + mgf_x = 0$$

$$\tag{3.7a}$$

および

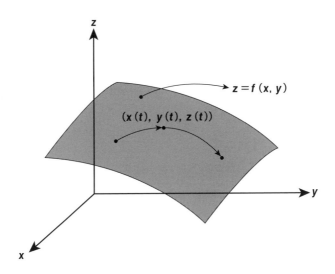

〈図3.1〉曲面の運動

$$m\left(\left(1+f_y^2\right)+f_xf_y\dot{x}\right)\ddot{y} + m\left(f_xf_{xy}\dot{x}^2+f_yf_{yy}\dot{y}^2\right) + m\left(f_{yy}f_x+f_yf_{xy}\right)\dot{x}\dot{y} + mgf_y = 0$$

(3.7b)

のように2つ求まる。これらの2階連立微分方程式は非常に複雑な式にみえるが，次の中間積分が存在することが容易にわかる。

$$2T - \mathcal{L} = \mathcal{H} = 定数 \tag{3.8}$$

ただし，$\mathcal{L} = T - U$，$U = mgf$ であり，じつは $\mathcal{H}$ はこの系の全エネルギーを表すハミルトニアンである。すなわち，式(3.8)はエネルギー保存則を表している。式(3.7a)に $\dot{x}$ をかけ，式(3.7b)に $\dot{y}$ をかけて和をとったものが $\mathcal{H}$ の全微分になっており，その積分が式(3.8)である。

とくに〈図3.2〉のように，制約条件を鉛直面内に限定し，変数を x だけにすると，式(3.7a)は次のような比較的簡単な式になる。

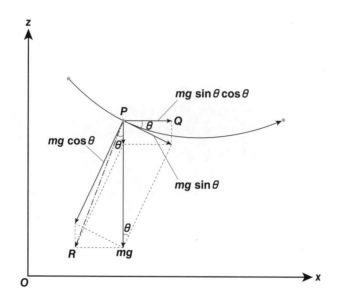

〈図3.2〉鉛直面 $z = f(x)$ 内での運動と重力の分解
重力は PQ と PR に分解される。

$$m\left(1+f'^2\right)\ddot{x} + mf'f''\dot{x}^2 + mgf' = 0 \tag{3.9a}$$

これは次の形に書ける。

$$m\ddot{x} = -\frac{mv^2}{r}\cos\theta - mg\sin\theta\cos\theta \tag{3.9b}$$

ただし，r は曲率半径を表し，$r = (1+f'^2)^{3/2}/f''$ で与えられる。曲率半径の定義については，補遺4を参照してほしい。また，

$$v^2 = \dot{x}^2 + \dot{y}^2 = \left(1+f'^2\right)\dot{x}^2 \tag{3.10}$$

および

$$\cos\theta = \frac{f'}{\sqrt{1+f'^2}}, \qquad \sin\theta = \frac{1}{\sqrt{1+f'^2}}; \qquad \theta = \theta\big(x(t)\big) \qquad (3.11)$$

とおいた。ただし，$f' = \mathrm{d}f(x)/\mathrm{d}x$, $f'' = \mathrm{d}^2f(x)/\mathrm{d}x^2$ である。式（3.9b）の右辺の第1項は，遠心力のx成分を表していることがわかる。

上の議論からわかるとおり，変分原理という高度な方法を用いなくとも，直接ニュートンの方程式を成分に分けて書き下すことによって解くこともできる。また，エネルギー保存則を用いるのがいちばんわかりやすい。実際，式（3.9a）に$\dot{x}$をかけて得られる全微分方程式の積分からは，エネルギー保存則が得られる。

$$\frac{1}{2}m\big(1+f'^2(x)\big)\dot{x}^2 + mgf(x) = c（定数） \qquad (3.12)$$

これは変数分離形なので，原理的に解$x = x(t)$が求まる。このように，場合によっては，その系の特徴を生かした工夫によって解くほうが手っとり早い。しかし，時間に依存する外力がある場合には，この方法は使えない。一方，変分原理には一般性があるので，これはたいへん便利で強力である。

3.3 一般座標とラグランジュの運動方程式

以上に説明した変分原理による力学の定式化を，任意の座標系に一般化する。それによって，変分原理の適用範囲が格段に広がる。物理系の状態を指定する変数（一般座標）をq_1, q_2, $\cdots$, q_rとする。それらの時間微分を$\dot{q}_1$, $\dot{q}_2$, $\cdots$, $\dot{q}_r$とする。これらの変数をまとめて，それぞれ$\{q_i\}$，$\{\dot{q}_i\}$と書くことにする。問題とする系のラグランジアン

$$\mathcal{L} = \mathcal{L}\big(\{q_i\}, \{\dot{q}_i\}, t\big) \qquad (3.13)$$

38   第3章　力学法則と変分原理

に対する作用

$$I = \int_{t_0}^{t} \mathcal{L}\big(\{q_i(s)\}, \{\dot{q}_i(s)\}, s\big) \mathrm{d}s \tag{3.14}$$

を最小にする（ハミルトンの原理の）オイラーの方程式は，式(3.3)と同様に

$$\frac{\mathrm{d}}{\mathrm{d}t}\left(\frac{\partial \mathcal{L}}{\partial \dot{q}_i}\right) - \frac{\partial \mathcal{L}}{\partial q_i} = 0; \qquad i = 1, 2, \cdots, r \tag{3.15}$$

と，r個の連立微分方程式で与えられる。これをラグランジュ（またはオイラー－ラグランジュ）の運動方程式とよぶ。この有効性は，いままでの説明で十分理解いただけるであろう。

3.4　ハミルトン-ヤコビの理論

　前節で導いたラグランジュの運動方程式(3.15)は，r個の連立2階微分方程式である。そこで，変数を2倍に増やして，$2r$個の連立1階微分方程式に変換したほうが見通しがよく，とり扱いやすくなることが多い。この変換を行うために，$\dot{q}_i$に共役な一般運動量p_iを導入する。"共役な運動量"とは，積$p_i \dot{q}_i$が$\mathcal{L}$と同じ次元をもち，ふつうの直交座標の場合には通常の運動量になる物理量のことである。$\mathcal{L} = m\dot{x}^2/2 - U(x)$の場合には，$x$の共役な運動量$p_x$は

$$p_x = \frac{\partial \mathcal{L}}{\partial \dot{x}} = m\dot{x} \tag{3.16}$$

で与えられる。そこで，一般に，q_iに共役な運動量を

$$p_i = \frac{\partial \mathcal{L}}{\partial \dot{q}_i} \tag{3.17}$$

で定義する。q_i, p_iをまとめて，正準変数とよぶ。

　さて，この系のラグランジアン$\mathcal{L}$が時間tをあらわに含まないときは，次の

ルジャンドル変換

$$\mathcal{H} = \sum_{i=1}^{r} p_i \dot{q}_i - \mathcal{L}\left(\{q_i\}, \{\dot{q}_i\}\right) \tag{3.18}$$

によって $\mathcal{H}$ を定義すると，式 (3.15) と (3.17) より

$$\frac{\mathrm{d}\mathcal{H}}{\mathrm{d}t} = \sum_{i=1}^{r} \frac{\mathrm{d}}{\mathrm{d}t}\left(\frac{\partial \mathcal{L}}{\partial \dot{q}_i} \dot{q}_i\right) - \sum_{i=1}^{r}\left(\frac{\partial \mathcal{L}}{\partial q_i} \dot{q}_i + \frac{\partial \mathcal{L}}{\partial \dot{q}_i} \ddot{q}_i\right) = 0 \tag{3.19}$$

となり，$\mathcal{H}$ は保存量となる。しかも，$\mathcal{L}$ が T を通じて $\dot{q}_i$ の 2 次式の場合（U が $\dot{q}_i$ によらない；通常はこの条件を満たしている）には

$$\sum_{i=1}^{r} p_i \dot{q}_i = \sum_{i=1}^{r} \frac{\partial \mathcal{L}}{\partial \dot{q}_i} \dot{q}_i = \sum_{i=1}^{r} \frac{\partial T}{\partial \dot{q}_i} \dot{q}_i = 2T \tag{3.20}$$

という関係があるので，

$$\mathcal{H} = \sum_{i=1}^{r} p_i \dot{q}_i - \mathcal{L} = T + U \tag{3.21}$$

となり，$\mathcal{H}$ は系のハミルトニアンであることがわかる。より一般に，$\mathcal{L}$ が時間 t を含む場合には，$\mathcal{H}$ は t によるが，式 (3.21) は，$U = U(t)$ として拡張できる。

　これだけの準備をすれば，一般化された運動方程式の変換という初期の目標が容易に実行できる。すなわち，正準方程式

$$\dot{q}_i = \frac{\partial \mathcal{H}}{\partial p_i}, \qquad \dot{p}_i = -\frac{\partial \mathcal{H}}{\partial q_i}, \qquad i = 1, 2, \cdots, r \tag{3.22}$$

が，次のようにして容易に導ける。

$$\frac{\partial \mathcal{H}}{\partial p_i} = \dot{q}_i + \sum_{j=1}^{r} \frac{\partial \dot{q}_j}{\partial p_i} p_j - \sum_{j=1}^{r} \frac{\partial \mathcal{L}}{\partial \dot{q}_j} \frac{\partial \dot{q}_j}{\partial p_i} = \dot{q}_i \tag{3.23}$$

40　第3章　力学法則と変分原理

$$\frac{\partial \mathcal{H}}{\partial q_i} = \sum_{j=1}^{r} p_j \frac{\partial \dot{q}_j}{\partial q_i} - \sum_{j=1}^{r} \frac{\partial \mathcal{L}}{\partial \dot{q}_j} \frac{\partial \dot{q}_j}{\partial q_i} - \frac{\partial \mathcal{L}}{\partial q_i}$$

$$= -\frac{\partial \mathcal{L}}{\partial q_i} = -\frac{\mathrm{d}}{\mathrm{d}t}\left(\frac{\partial \mathcal{L}}{\partial \dot{q}_i}\right) = -\frac{\mathrm{d}p_i}{\mathrm{d}t} = -\dot{p}_i \tag{3.24}$$

ただし，式(3.24)の最後の変型には式(3.15)を用いた。

　これらの具体的な応用などについては，次節でくわしく説明する。

3.5　理論の普遍的な構造と法則の類似性

　前節までの説明[7]では，少し数式が複雑になり，わかりにくいところも多かったと思われるので，本節以降ではもう少し定性的な説明をしたい。変分原理の定式化により，それまでみえなかった部分がはっきり現れてくるような特徴を説明をする。その1つが保存則である。また，一見異なる物理現象の間に存在する普遍的な類似性も，変分原理という共通のとり扱いによってみえてくることがある。たとえば，前章の光学の変分原理と本章の力学の変分原理とは，まったく異なる定式化にみえるが，じつは共通の普遍的な構造が存在することを3.8節に説明する。

3.6　エネルギーの保存則とオイラーの方程式の中間積分

　第1章で解説したように，変分原理に使われる被積分関数 f が時間を含まないときは，$f = f(x, \dot{x})$ に対して，式(1.6)，すなわち

$$f - \dot{x}\frac{\partial f}{\partial \dot{x}} = c \ (定数) \tag{3.25}$$

が成り立つ[1]。通常の力学系の場合，$f = \mathcal{L} = T - U$ のうち，運動エネルギー T は $\dot{x}$ の2次式であるから（U は $\dot{x}$ を含まないので），

$$\dot{x}\frac{\partial f}{\partial \dot{x}} = \dot{x}\frac{\partial T}{\partial \dot{x}} = 2T \tag{3.26}$$

となる[7),8)]。したがって，式(3.25)は

$$\mathcal{H} = T + U = 一定 \tag{3.27}$$

に帰着する。このように，オイラーの方程式の中間積分はエネルギーの保存則を与えることを注意しておきたい。これも変分原理による定式化の利点の1つである。

3.7 粒子の軌道に関する変分原理と光学のフェルマーの定理

ここでは，光の経路と粒子の軌道との類似性を議論してみよう。

変分原理を用いて運動の時間変化を議論するには，3.3節で説明したハミルトンの原理が役に立つ。運動の軌道にのみ関心があるのであれば，別の変分原理の形式を用いることもできる。それは，変分汎関数の積分変数 dt を経路変数 ds（$= vdt$）に変換すれば求められる。簡単のために，まず1粒子系でその形式を求める。運動エネルギー $T = (1/2)mv^2$ とポテンシャルエネルギー U に対して，ラグランジアン $\mathcal{L} = T - U$ を $\mathcal{L} = 2T - E$ と書き直し，全エネルギー $E = T + U$ が一定という条件のもとでは，ハミルトンの原理

$$\int_{t_1}^{t_2} \mathcal{L}\,dt = 極小 \tag{3.28}$$

は

$$\int_{t_1}^{t_2} T\,dt = 極小 \tag{3.29}$$

と表せる。これを最小作用の原理とよぶこともある。ここで，$dt = v^{-1}ds$ を用いると，$v \propto \sqrt{T}$ より，式(3.29)は

42　第3章　力学法則と変分原理

$$\int_A^B \sqrt{T}\, ds = \int_A^B \sqrt{E-U}\, ds = 極小 \tag{3.30}$$

となる[7]。

上の変分原理(3.30)は，光学のフェルマーの原理

$$\int_A^B n\, ds = 極小 \tag{3.31}$$

と類似していることがわかる。すなわち，質点の運動の軌道は，屈折率nが$\sqrt{E-U}$に比例する媒質中の光の軌道に対応している。

この対応関係をもう少し具体的に説明してみよう。〈図3.3a〉には，屈折率nが下にいくほど大きくなる媒質中の光の進路を示した。比較のために，〈図3.3b〉に重力のようにポテンシャル$U = U(y)$中を運動する粒子の軌道を示した。式(3.30)と(3.31)からわかるとおり，

$$n(y) \propto \sqrt{E-U(y)} \tag{3.32}$$

の関係にあれば，2つの軌道は完全に一致する。ポテンシャルUがゼロで，力が働かない場合には粒子は直線運動をするが，それに対応して，屈折率nが一定の媒質中を光が直進することはよく知られたことである。また，媒質の屈折率nは，正常分散の領域では，光の振動数が大きくなるほど大きくなる[7]。したがって，赤い光線よりも青い光線のほうが大きく曲げられる。粒子の運動に対比してみると，ポテンシャルUの減少が大きく，働く力が大きいほど大きく曲げられる。

3.8　重力中での粒子の軌道

重力のもとでの粒子の運動の軌道を，上の変分原理(3.30)を用いて求めてみよう。$U = mgy$より，式(3.30)は

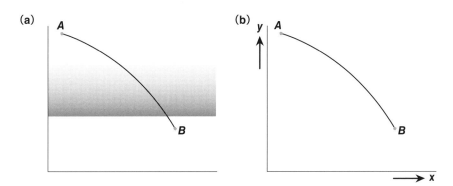

〈図3.3〉光と粒子の軌道の類似性
(a) 屈接率 n がしだいに大きくなる媒質中での光の進路。(b) ポテンシャル $U = U(y)$ 中の粒子の運動の軌跡。

$$\int_A^B \sqrt{E - mgy}\, ds = 極小 \tag{3.33}$$

と書ける。線分 ds は $y = y(x)$ の微分 y' を用いて

$$ds = \sqrt{1 + (y')^2}\, dx \tag{3.34}$$

と表せるので，式(3.33)は

$$\int_A^B \sqrt{E - mgy}\, \sqrt{1 + (y')^2}\, dx = 極小 \tag{3.35}$$

となる。これに対するオイラーの方程式は，式(1.4)より

$$2(\varepsilon - y)y'' + (y')^2 + 1 = 0; \quad \varepsilon = E/mg \tag{3.36}$$

と与えられる。この2階非線形微分方程式は，一見解析的に解けそうもないように思われるが，じつは次のように簡単に解ける。始点Aを原点$(0,0)$にとり，

44   第3章   力学法則と変分原理

$y = y(x)$ を x に関してテイラー展開し，各次数の係数を逐次求めてみると[9]，3次以上の係数はすべてゼロになることがわかり，$y(x)$ は x の2次式で与えられることになる。

$$y = a_1 x + a_2 x^2; \qquad a_2 = -\frac{a_1{}^2 + 1}{4\varepsilon} \tag{3.37}$$

係数 a_1 は，点 $B(x_1, y_1)$ を通る条件式 $y_1 = a_1 x_1 + a_2 x_1{}^2$ より決まる。

この問題が簡単に解ける理由はいろいろあるが，1つには，式 (3.35) の被積分関数 f が x を含まないから，オイラーの方程式が式 (3.25)，すなわちこの問題の変数に対しては

$$f - y' \frac{\partial f}{\partial y'} = c \;(定数) \tag{3.38}$$

という中間積分に帰着するからである。

$$f = \sqrt{\varepsilon - y} \cdot \sqrt{1 + y'^2}$$

として，式 (3.38) は

$$c^2 \left(1 + y'^2\right) = \varepsilon - y \tag{3.39}$$

という1階微分方程式になり，この解は再び式 (3.37) で与えられる。

じつは，この問題は高校の物理で学ぶように，運動方程式の解

$$x = v_{0,x} t, \qquad y = v_{0,y} t - \frac{g}{2} t^2 \tag{3.40}$$

から時間 t を消去することによって直接求められる。すなわち，y は x の2次式 $y = a_2 x^2 + a_1 x$ となる。

$$a_1 = \frac{v_{0,y}}{v_{0,x}}, \qquad a_2 = -\frac{g}{2v_{0,x}^2} \tag{3.41}$$

このように，多くの問題は，それらの特徴に応じた解法を直接工夫するほうが簡単になる。しかし，変分原理による定式化は，物理現象の本質を深く理解するのに役立つ。また，一見異なるいろいろな現象の普遍性をとらえることを容易にする。さらに，解きにくい問題も，変分原理を通して等価になる問題の解を利用して解くこともできる。上に述べた光学と力学の類似性は，そのよい例である。次に，これを具体的に調べてみよう。

3.9 屈折率 $n = n(y)$ の媒質中での光の経路

屈折率 n が $n = n(y)$ のように（y 方向にのみ）場所によって変化する場合に，光の進路を初等的に求めるのは少し複雑である。変分原理を用いると，オイラーの方程式を解けばよいので，解き方の方針はすぐにわかる。すなわち，この問題に対する変分原理（フェルマーの原理）は

$$\int_A^B n(y)\sqrt{1 + y'^2}\,\mathrm{d}x = \text{極小} \tag{3.42}$$

で与えられる。これに対するオイラーの方程式は，再び中間積分の式（3.38）で与えられる。この問題では $f = n(y)\sqrt{1 + y'^2}$ であるから，中間積分は

$$\frac{n(y)^2}{1 + y'^2} = c \tag{3.43}$$

と求まる（ただし，ここの c は式（3.38）の c の平方に対応する）。すなわち，屈接率の変化と光の経路の変化の比が上式を満たすように，光は進む。これがフェルマーの原理の帰結である。

3.10 特殊相対論的力学と変分原理

まず，アインシュタイン（A. Einstein）の特殊相対論を簡単に復習しておく。その後で，変分原理による定式化を説明し，アインシュタインの質量とエネル

46　第3章　力学法則と変分原理

ギーの等価式 $E = mc^2$ と原子力エネルギーとの関係にふれる。

3.10.1　光速度不変とローレンツ変換

　マイケルソン（A. A. Michelson）とモーレー（E. W. Morley）は19世紀末に，一定の速度で運動するどの座標系（慣性系）でも光速度は一定であることを実験的に確かめた。

　また，自然法則はどの慣性系でも同じ形をとるはずである。電磁波（光）を記述するマクスウェル（J. C. Maxwell）の波動方程式も，どの慣性系でも同形になり，しかもそこに入っている光速 c は不変定数でなければならない。この条件を満たす2つの慣性系の座標変換は，次のローレンツ変換になる[7),8)]（簡単のため，z 軸に沿ったローレンツ変換を考える）。

$$x' = x, \qquad y' = y, \qquad z' = \gamma(z - \beta ct),$$
$$ct' = \gamma(ct - \beta z) \tag{3.44}$$

ただし，2つの座標系の相対速度を v とし，

$$\beta = \frac{v}{c}, \qquad \gamma = \frac{1}{\sqrt{1 - \beta^2}} \tag{3.45}$$

とおいた〈図3.4〉。速さ v が光速 c に比べて非常に小さいときは，古典的なガリレイ変換

$$x' = x, \qquad y' = y, \qquad z' = z - vt, \qquad t' = t \tag{3.46}$$

に帰着する。ニュートンの運動の法則は，このガリレイ変換に対して不変になっている。ローレンツ変換による速度の合成則は

$$\beta'' = \frac{\beta + \beta'}{1 + \beta\beta'} \tag{3.47}$$

で与えられる。したがって，v か v' のどちらか一方が光速 c に等しくなると，$v'' = c$ となり，光速を超えることはできない（ただし，$\beta' = v'/c$，$\beta'' = v''/c$）。

　ローレンツ変換に対して，不変になる粒子の運動方程式は

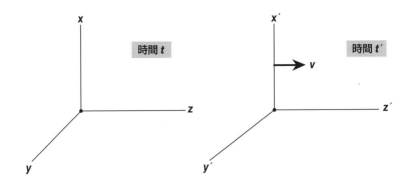

〈図3.4〉時間と空間の変換
座標系 x', y', z' が座標系 x, y, z に対して，速さ v で右に動いている．ローレンツ変換 $z' = \gamma(z - \beta ct)$, $ct' = \gamma(ct - \beta z)$ は2次式 $z^2 - (ct)^2$ を不変にする．これがミンコフスキー空間の特徴である．ただし，$\gamma = 1/\sqrt{1-\beta^2}$, $\beta = v/c$ である．また，z 方向にのみもう一度 v' を変換すると，アインシュタインの速度合成則 $\beta'' = (\beta + \beta')/(1 + \beta\beta')$ が成り立つ．

$$\frac{d}{dt}(m\gamma v) = \boldsymbol{F} \quad \left(\text{および} \quad \boldsymbol{F} \cdot \boldsymbol{v} = mc^2 \frac{d\gamma}{dt}\right) \tag{3.48}$$

と表せる（上のかっこの中の式は，その左側の式に $\boldsymbol{v}$ をかけて内積をとり，等式 $dv^2/dt = (2c^2/\gamma^3)d\gamma/dt$ を用いて導かれる）．とくに，電荷 q をもった質量 m の粒子の，電場 $\boldsymbol{E}$ および磁束密度 $\boldsymbol{B}$ 中での運動方程式は

$$m\frac{d}{dt}(\gamma \boldsymbol{v}) = \frac{q}{\gamma}(\boldsymbol{E} + \boldsymbol{v} \times \boldsymbol{B}) \tag{3.49a}$$

$$mc^2 \frac{d\gamma}{dt} = \frac{q}{\gamma} \boldsymbol{E} \cdot \boldsymbol{v} \tag{3.49b}$$

となる（ここで，$(\boldsymbol{v} \times \boldsymbol{B}) \cdot \boldsymbol{v} = 0$ に注意せよ[9]）．
　上の方程式を変分原理で表すラグランジアン $\mathcal{L}$ は

48　第3章　力学法則と変分原理

$$\mathcal{L} = -\frac{mc^2}{\gamma} + q\boldsymbol{v}\cdot\boldsymbol{A} - q\phi \tag{3.50}$$

となることが容易にわかる[9]。ただし，$\boldsymbol{A}$は磁束密度$\boldsymbol{B}$をつくるベクトルポテンシャル，ϕは電場$\boldsymbol{E}$を表すポテンシャルであり，

$$\boldsymbol{B} = \mathrm{rot}\,\boldsymbol{A} \qquad \text{および} \qquad \boldsymbol{E} = -\mathrm{grad}\,\phi \tag{3.51}$$

の関係を満たす（ローレンツゲージを用いた[8]）。

　実際，式(3.50)を被積分関数とする変分原理に対するオイラー(-ラグランジュ)の方程式

$$\frac{\mathrm{d}}{\mathrm{d}t}\left(\frac{\partial\mathcal{L}}{\partial\dot{\boldsymbol{r}}}\right) = \frac{\partial\mathcal{L}}{\partial\boldsymbol{r}} \left(\equiv \mathrm{grad}\,\mathcal{L}\right) \tag{3.52}$$

を計算すると，

$$\mathrm{grad}\left(\boldsymbol{v}\cdot\boldsymbol{A}\right) = \boldsymbol{v}\times\mathrm{rot}\,\boldsymbol{A} = \boldsymbol{v}\times\boldsymbol{B} \tag{3.53}$$

および

$$\frac{\partial}{\partial\dot{\boldsymbol{r}}}\left(\frac{1}{\gamma}\right) = \left(\frac{\mathrm{d}}{\mathrm{d}v}\left(\frac{1}{\gamma}\right)\right)\cdot\frac{\boldsymbol{v}}{v} = -\frac{\gamma\boldsymbol{v}}{c^2} \tag{3.54}$$

を用いて[8]，式(3.49a)などが容易に導ける。

3.10.2 質量とエネルギーの等価性と原子力エネルギー

　オイラーの方程式の中間積分(3.25)として，電磁場中の荷電粒子のハミルトニアン$\mathcal{H}$が導かれる。すなわち，まず$\boldsymbol{v}=\dot{\boldsymbol{r}}$に共役な運動量$\boldsymbol{p}$は，ラグランジアン(3.50)より

$$\boldsymbol{p} = \frac{\partial\mathcal{L}}{\partial\boldsymbol{v}} = \gamma m\boldsymbol{v} + q\boldsymbol{A} \tag{3.55}$$

となる。ハミルトニアン $\mathcal{H}$ は中間積分（3.25）の左辺（の負符号をつけた部分）より

$$
\begin{aligned}
\mathcal{H} &= \boldsymbol{v} \cdot \frac{\partial \mathcal{L}}{\partial \boldsymbol{v}} - \mathcal{L} = \boldsymbol{v} \cdot \boldsymbol{p} - \mathcal{L} \\
&= \frac{mc^2}{\gamma} + \boldsymbol{v} \cdot (\boldsymbol{p} - q\boldsymbol{A}) + q\phi = \frac{mc^2}{\gamma} + \gamma mc^2 \beta^2 + q\phi
\end{aligned}
\tag{3.56}
$$

これを，4次元ミンコフスキー空間 $(c\boldsymbol{p}, \mathrm{i}E)$ の長さの回転不変性と関連づける形式に表現する。そこで，$(\mathcal{H} - q\phi)^2$ を計算してみる。式（3.56）より

$$
\begin{aligned}
(\mathcal{H} - q\phi)^2 &= \left(mc^2\right)^2 \gamma^2 \\
&= \left(mc^2\right)^2 + \left(mc^2\right)^2 \left(\gamma^2 - 1\right) \\
&= \left(mc^2\right)^2 + \left(c\boldsymbol{p} - qc\boldsymbol{A}\right)^2
\end{aligned}
\tag{3.57}
$$

となる。ただし，式（3.55）より導ける関係式

$$
\begin{aligned}
(\boldsymbol{p} - q\boldsymbol{A})^2 &= m^2 c^2 \gamma^2 \beta^2 \\
&= m^2 c^2 \left(\gamma^2 - 1\right)
\end{aligned}
\tag{3.58}
$$

を用いた。こうして，ハミルトニアン $\mathcal{H}$ は

$$
\mathcal{H} = \left[\left(mc^2\right)^2 + \left(c\boldsymbol{p} - qc\boldsymbol{A}\right)^2 \right]^{1/2} + q\phi
\tag{3.59}
$$

と与えられる。$\phi = 0$ および $\boldsymbol{A} = 0$ のときは，$\boldsymbol{p} = \gamma m\boldsymbol{v}$ とおいて

$$
\mathcal{H} = \sqrt{\left(mc^2\right)^2 + \left(\boldsymbol{p}c\right)^2}
\tag{3.60}
$$

となる。$\boldsymbol{v} = 0$ のときのエネルギーを E とすると

$$
E = mc^2
\tag{3.61}
$$

50　　第3章　力学法則と変分原理

が得られる。これはアインシュタインの質量とエネルギーの等価式とよばれ，原子力エネルギーの基礎となっている公式である。すなわち，質量がわずかに減少しただけで，莫大なエネルギーが放出されるのである[10), *1]。

補遺4　曲率半径と曲率

　曲線の曲がり具合を表す指標が曲率 κ である。その逆数 $r = 1/\kappa$ を曲率半径とよぶ。円はどの部分も曲がり方が同じであり，半径が短いほど曲がり方が激しくなる。そこで，円の曲率 κ は $\kappa = 1/r$ と考えるのが自然である。速さ v で円運動をしている，質量 m の物体に働く遠心力 f は

$$f = \frac{mv^2}{r} = \kappa mv^2 \tag{A4.1}$$

で表され，曲率 κ に比例する。〈図3.3〉のように，円の曲率 κ は中心角 θ とそれに対応する円弧の長さ s との比

$$\kappa = \frac{\theta}{s} = \frac{\Delta\theta}{\Delta s} \qquad （円の場合は \theta の大きさによらない） \tag{A4.2}$$

で与えられる。一般の曲線 $y = y(x)$ に対しては，〈図3.4〉のように，x の値によって曲がり方が変わるから，円の場合の類推で中心角の代わりに曲線 $y = y(x)$ 上の2点 P と Q における接線のなす角 $\Delta\theta$ を用いて，曲率 κ は

$$\kappa = \frac{d\theta}{ds} = \lim_{\Delta s \to 0} \frac{\Delta\theta}{\Delta s} \tag{A4.3}$$

で与えられる。

---

*1　質量を安全にエネルギーに変換するのは，きわめて難しい問題である。原子爆弾とは原理的に異なる，新しい原理のエネルギー変換の研究は人類の存亡に関わる重大なことであり，今後切に望まれる[11)]。

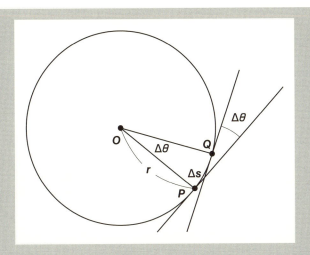

〈図3.3〉円と曲率
中心角$\Delta\theta$と円周上の2つの点PからQまでの円弧の長さΔsとの比から曲率κは$\kappa = \Delta\theta / \Delta s$となる。円の場合には，$\Delta\theta$は任意の大きさに対して2点$P$と$Q$それぞれの接線のなす角に等しい。

そこで，この定義を用いて，曲率κを表す公式を導くことにする。点$P(x, y)$と点$Q(x + \Delta x, y + \Delta y)$における接線の傾きをそれぞれ$m, m'$とすると，

$$m = y'(x) = \tan\theta, \tag{A4.4}$$

および

$$m' = y'(x + \Delta x) = \tan(\theta + \Delta\theta) \tag{A4.5}$$

と書ける。三角関数の加法定理を用いて，

$$m' = \frac{\tan\theta + \tan\Delta\theta}{1 - \tan\theta\tan\Delta\theta} = \frac{m + \tan\Delta\theta}{1 - m\tan\Delta\theta} \tag{A4.6}$$

となる。これより，$\Delta\theta \ll 1$に対して$\tan\Delta\theta \simeq \Delta\theta$と近似して

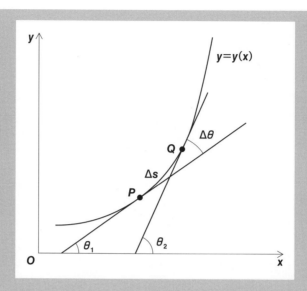

〈図3.4〉平面曲線 $y = y(x)$ に対する曲率の定義
$\kappa = d\theta/ds = \lim(\Delta\theta/\Delta s)$：ここで，$\Delta\theta$ は2つの接線のなす角，および Δs は2点 P, Q 間の曲線の長さである．

$$\Delta\theta = \frac{m'-m}{1+mm'} \fallingdotseq \frac{y''\Delta x}{1+y'^2} \tag{A4.7}$$

が得られるので，曲率 κ は

$$\kappa = \frac{d\theta}{ds} = \frac{y''}{1+y'^2}\frac{dx}{ds} \tag{A4.8}$$

と与えられる．次に，曲線の線分 Δs は $\Delta s = (\Delta x^2 + \Delta y^2)^{1/2}$ と表せるから，

$$\frac{ds}{dx} = (1+y'^2)^{1/2} \tag{A4.9}$$

となる．したがって，曲率 κ は次の公式で与えられる：

$$\kappa = \frac{y''}{\left(1 + y'^2\right)^{3/2}} \tag{A4.10}$$

すなわち，曲率半径 r は

$$r = \frac{1}{\kappa} = \frac{\left(1 + y'^2\right)^{3/2}}{y''} \tag{A4.11}$$

となる。

例として，2次曲線 $y = ax^2$ の曲率 κ を求めると，

$$\kappa = \frac{2a}{\left(1 + 4a^2 x^2\right)^{3/2}} \tag{A4.12}$$

となる。とくに，原点 $x = 0$，$y = 0$ におけるこの放物線の曲率 κ は $\kappa = 2a$ となり，a が大きいほど曲がり方が大きくなることが式の上からも示される。また，$x \to \infty$ では $\kappa \to 0$ となり，直線に近づくことがわかる。

参考文献

1) C. N. Yang: "My life as a physicist and teacher," 仁科記念講演会（岡山，2005 年 10 月 12 日，県内の高校生も多数参加した）；仁科記念財団 Publication No. 45（2006 年 5 月）および同財団案内，20 ページ（2006 年 4 月）.

2) 鈴木増雄：「変分原理と物理学」，パリティ 2012 年 4 月号より連載.

3) 鈴木増雄：「物理学における変分原理——自然は無駄を嫌う」，パリティ 2010 年 8 月号 58 ページ.

4) 吉岡大二郎：『力学』朝倉書店（2008）.

5) M. Suzuki: Physica A **390**, 1904（2011）; **391**, 1074（2012）; Prog. Theor. Phys. Suppl. No. 195（2012）; Physica A **392**, 314 および 4279（2013）; JPS Conf. Proc. **1**, 012128（2014），および Physica A（執筆中），Proc. Japan Acad. Ser B（執筆中），および鈴木増雄，「数理科学」2014 年 9 月号，11 月号（サイエンス社）.

6) R. P. Feynman, R. B. Leighton and M. Sands: *The Feynman lectures on physics, Vol. II*, Reading MA, Addison-Wesley（1964）chap. 19.

7) 戸田盛和，宮島龍興編：『物理学ハンドブック第 2 版』朝倉書店（1993）.

8) C. P. プール，Jr.：『現代物理学ハンドブック』鈴木増雄，鈴木公，鈴木彰訳，朝倉書店（2004）.

54   第3章　力学法則と変分原理

9) T. L. チョウ：『科学技術者のための数学ハンドブック』鈴木増雄，香取真理，羽田野直道，野々村禎彦訳，朝倉書店 (2002).

10) 鈴木増雄：「物理探求の楽しさ」，ロゲルギスト『新物理の散歩道』第5集，ちくま学芸文庫 (2009).

11) 鈴木増雄：「物，エネルギーおよび情報の関わり方」パリティ 2012 年 3 月号 58 ページ.

第4章

場（電磁場）の理論と変分原理

第3章の後半では，電磁場中の荷電粒子の相対論的力学を扱った[1]。そこでは，電場 E と磁束密度 B は与えられたものとして，粒子の運動に関してのみ変分をとった。そもそも，相対論的とり扱いの必要性は，光速度不変という事実に基づくものであり，電磁場（光）は，ローレンツ変換に対して不変なマクスウェル方程式で記述される[2],[3]（正しくは，マクスウェル方程式を不変にする変換として，ローレンツ変換が導かれたというべきである）。そこで，本章では，電磁場の時間発展を記述するマクスウェル方程式の変分原理による導出を説明する。

4.1 マクスウェルの電磁場理論

マクスウェル方程式の変分原理を深く理解するためには，その電磁場理論の美しい構造を復習しておく必要があろう。前章のように電場 E と磁束密度 B を固定したものとして扱う場合[1]には，それぞれを独立した物理量とみなすことができるが，それらが時間的に変化する一般の場合には，それらは互いにからみ合ってくる[2],[3]。ここでは簡単のために，真空中の電磁場を扱うことにする。真空中の誘電率を ε_0，透磁率を μ_0 とすると，マクスウェル方程式は

$$\mathrm{div}\boldsymbol{E} = \frac{1}{\varepsilon_0}\rho \tag{4.1}$$

$$\mathrm{div}\boldsymbol{B} = 0 \tag{4.2}$$

$$\frac{1}{\mu_0}\mathrm{rot}\,\boldsymbol{B} - \varepsilon_0\frac{\partial\boldsymbol{E}}{\partial t} = \boldsymbol{j} \tag{4.3}$$

$$\mathrm{rot}\,\boldsymbol{E} + \frac{\partial\boldsymbol{B}}{\partial t} = 0 \tag{4.4}$$

と表される。ただし，ρ は電荷密度，$\boldsymbol{j}$ は電流密度を表す。式(4.3)は，電束密度 $\boldsymbol{D} = \varepsilon_0\boldsymbol{E}$，磁場 $\boldsymbol{H} = \boldsymbol{B}/\mu_0$ を用いて，

$$\mathrm{rot}\,\boldsymbol{H} - \frac{\partial\boldsymbol{D}}{\partial t} = \boldsymbol{j} \tag{4.5}$$

と書かれることも多い。これは物理的には，エルステッド（H. C. Øersted），アンペール（A. M. Ampére），ビオ–サバール（J. B. Biot and F. Savart）の法則を統合したものである[2),3)]。また，式(4.4)はファラデー（M. Faraday）の電磁誘導の法則を表している。ここに現れる物理量 $\boldsymbol{E}$，$\boldsymbol{B}$，ρ，および $\boldsymbol{j}$ はすべて，一般には空間の位置 r と時間 t の関数である。

$$\boldsymbol{E} = \boldsymbol{E}(r, t), \qquad \boldsymbol{B} = \boldsymbol{B}(r, t)$$
$$\rho = \rho(r, t), \qquad \boldsymbol{j} = \boldsymbol{j}(r, t)$$

この意味で，これらはすべて場の量であり，マクスウェル理論は典型的な（古典的）場の理論である。

これらの連立微分方程式が全体として，ローレンツ変換に対して不変になることを議論する前に，マクスウェル方程式の解として電磁場が現れることを見やすくする形式に，理論を変換してみよう[2),3)]。$\boldsymbol{E}$ と $\boldsymbol{B}$ は，ベクトルポテンシャル $\boldsymbol{A}$ とスカラーポテンシャル ϕ を用いて，

$$\boldsymbol{B} = \mathrm{rot}\,\boldsymbol{A} \tag{4.6}$$

$$\boldsymbol{E} = -\mathrm{grad}\,\phi - \frac{\partial \boldsymbol{A}}{\partial t} \tag{4.7}$$

と表せる。まず，式(4.2)とベクトル解析の公式(任意のベクトル$\boldsymbol{A}$に対して)

$$\mathrm{div}\,\mathrm{rot}\,\boldsymbol{A} = 0 \tag{4.8}$$

より，式(4.6)は明らかである。次に，式(4.6)を式(4.4)に代入すると

$$\mathrm{rot}\left(\boldsymbol{E} + \frac{\partial \boldsymbol{A}}{\partial t}\right) = 0 \tag{4.9}$$

となる。再びベクトル解析の公式(任意のスカラーϕに対して)

$$\mathrm{rot}\,\mathrm{grad}\,\phi = 0 \tag{4.10}$$

を用いると，式(4.7)の表式の妥当性がうなずける。

4.2 マクスウェル方程式とゲージ変換

ベクトルポテンシャル$\boldsymbol{A}$とスカラーポテンシャルϕを用いた表現形式(4.6)と(4.7)には，次のようなゲージ変換

$$\boldsymbol{A}' = \boldsymbol{A} + \mathrm{grad}\,\lambda \tag{4.11}$$

$$\phi' = \phi - \frac{\partial \lambda}{\partial t} \tag{4.12}$$

に対する任意性がある($\boldsymbol{E}$と$\boldsymbol{B}$に影響しない)ことが，再びベクトル解析の公式(4.10)，すなわち$\mathrm{rot}\,\mathrm{grad}\,\lambda = 0$よりわかる。スカラー量$\lambda$のとり方によって，無数のゲージ変換をつくることができる。どのゲージ変換をとっても，物理現象は同じになるはずであるから，着目する物理現象をできるかぎり見やすく，扱いやすくするようなゲージをとるのが賢明である。通常は，電磁現象の波動

58 第4章 場（電磁場）の理論と変分原理

性に興味があるので，次の条件

$$\Delta\lambda - \frac{1}{c^2}\frac{\partial^2\lambda}{\partial t^2} = 0 \tag{4.13}$$

を課す。この条件は，Aとϕに対して

$$\text{div}A + \frac{1}{c^2}\frac{\partial\phi}{\partial t} = 0 \tag{4.14}$$

というローレンツ条件を要求することに対応する。ただし，$\Delta = \text{div grad}$（ラプラシアン）である。このローレンツ条件によってゲージを固定した理論形式を「ローレンツゲージのもとでの理論」という。

　さて，このローレンツゲージのもとで，マクスウェル方程式(4.1)〜(4.4)をA，ϕを用いて書き直すことにしよう。式(4.2)と(4.4)は，B，EをA，ϕで表す式(4.6)と(4.7)に含まれているので，残りの式(4.1)と(4.3)をAとϕで表せばよい。式(4.1)に式(4.7)を代入し，ローレンツ条件(4.14)を用いると，

$$\Delta\phi - \frac{1}{c^2}\frac{\partial^2\phi}{\partial t^2} = -\frac{1}{\varepsilon_0}\rho \tag{4.15}$$

という，ϕに関する波動方程式が導ける。次に式(4.3)に式(4.6)と(4.7)を代入し，ローレンツ条件(4.14)と次のベクトル解析の公式

$$\text{rot rot}A = -\Delta A + \text{grad div}A \tag{4.16}$$

を用いると，

$$\Delta A - \frac{1}{c^2}\frac{\partial^2 A}{\partial t^2} = -\frac{1}{\mu_0}j \tag{4.17}$$

という，ベクトルポテンシャルAに対する波動方程式が導かれる。このように，ローレンツゲージのもとでは，ϕとAが独立な波動方程式で表せるという利点がある。超伝導の理論では，

$$\text{div} \boldsymbol{A} = 0 \tag{4.18}$$

という，いわゆるロンドンゲージ（またはクーロンゲージ）が使われている。このゲージでは，式(4.15)に対応して，時間に依存しない方程式

$$\Delta \phi = -\frac{1}{\varepsilon_0} \rho \tag{4.19}$$

が得られる。したがって，このようなロンドン極限（静磁場で空間的にゆっくり変化する極限）でマイスナー効果などを議論するのに，ロンドンゲージが有効に使われている[3]。

4.3 マクスウェル方程式のローレンツ不変性

まず，電荷 ρ も電流密度 $\boldsymbol{j}$ もゼロの，まったくの真空中での電磁場は，次の波動方程式

$$\Box \boldsymbol{A} \equiv \left(\Delta - \frac{1}{c^2} \frac{\partial^2}{\partial t^2} \right) \boldsymbol{A} = 0 \tag{4.20}$$

$$\Box \phi = 0 \tag{4.21}$$

で記述されることが，式(4.17)と(4.15)よりわかる。ここで，演算子 $\Box$ はダランベール演算子とよばれ，前節で導入したローレンツ変換

$$
\begin{aligned}
&x' = x, \qquad y' = y, \qquad z' = \gamma(z - \beta ct) \\
&ct' = \gamma(ct - \beta z); \qquad \beta = v/c
\end{aligned}
\tag{4.22}
$$

に対して不変であることが確かめられ，次式のようになる。

$$\Box' = \Box \tag{4.23}$$

たとえば，1次元空間の場合にこの不変性を示す手順を考えてみると，ロー

60 第4章 場（電磁場）の理論と変分原理

レンツ変換(4.22)に対して，

$$\frac{\partial}{\partial z} = \frac{\partial z'}{\partial z}\frac{\partial}{\partial z'} + \frac{\partial t'}{\partial z}\frac{\partial}{\partial t'} = \gamma\left(\frac{\partial}{\partial z'} - \beta\frac{1}{c}\frac{\partial}{\partial t'}\right) \tag{4.24}$$

$$\frac{\partial}{\partial t} = \frac{\partial t'}{\partial t}\frac{\partial}{\partial t'} + \frac{\partial z'}{\partial t}\frac{\partial}{\partial z'} = \gamma\left(\frac{\partial}{\partial t'} - v\frac{\partial}{\partial z'}\right) \tag{4.25}$$

より，次の2つの1次微分の変換公式が導ける。

$$\frac{\partial}{\partial z} \pm \frac{1}{c}\frac{\partial}{\partial t} = \gamma(1\mp\beta)\left(\frac{\partial}{\partial z'} \pm \frac{1}{c}\frac{\partial}{\partial t'}\right) \tag{4.26}$$

ここで±は複合同順とする。これら2つの式の積をつくり，$\gamma^2(1-\beta^2)=1$を用いると，ダランベール演算子の不変性(4.23)が導ける。歴史的には，電磁波の方程式$\Box A = 0$，$\Box\phi = 0$を不変にする変換として，ローレンツ変換が発見されたのである（もちろん，光速度不変が前提になっている）。本書では，力学を先に説明し，相論的力学まで，電磁気理論の前に踏み込んだので，ローレンツ変換を天下り的に仮定して議論した。

　通常の教科書では，ミンコフスキー（H. Minkowski）による"4次元時空"（時間と空間を合わせた4次元の空間）の概念を用いて，すなわち，共変ベクトル

$$x_\mu = (x_0, x_1, x_2, x_3) = (ct, x, y, z); \qquad \mu = 0, 1, 2, 3 \tag{4.27}$$

および反変ベクトル

$$x^\mu = (x^0, x^1, x^2, x^3) = (-ct, x, y, z) \tag{4.28}$$

の内積

$$x_\mu x^\mu = x^2 + y^2 + z^2 - c^2 t^2$$

がローレンツ変換に対して不変になることを利用して定式化している。同様に，電磁場テンソル$F^{\mu\nu}$（または反変テンソル$F_{\mu\nu}$）などのローレンツ不変性（数学的には共変性）を用いて，電磁理論の共変形式を説明すると見通しがよい。

4元ポテンシャル$((1/c)\phi,\ \boldsymbol{A})$は，$z$方向1次元の場合を仮定したローレンツ条件

$$\frac{1}{c^2}\frac{\partial \phi}{\partial t}+\frac{\partial A_z}{\partial z}=\frac{1}{c^2}\frac{\partial \phi'}{\partial t'}+\frac{\partial A'_z}{\partial z'}=0 \tag{4.29}$$

を満たすように，ϕ'と$\boldsymbol{A}'$の変換式を公式(4.24)と(4.25)を用いて求めると，

$$A'_x=A_x,\qquad A'_y=A_y,\qquad A'_z=\gamma\left(A_z-\frac{v}{c^2}\phi\right),\qquad \phi'=\gamma\left(\phi-vA_z\right) \tag{4.30}$$

となる[2]。また，電流電荷密度$j^\mu=(c\rho,\ \boldsymbol{j})$は，2つの4元ベクトルの対応

$$\left(c\rho,\ \boldsymbol{j}\right)\leftrightarrow\left(\frac{1}{c}\phi,\ \boldsymbol{A}\right) \tag{4.31}$$

から，ρと$\boldsymbol{j}$のローレンツ変換

$$j'_x=j_x,\qquad j'_y=j_y,\qquad j'_z=\gamma\left(j_z-v\rho\right),\qquad \rho'=\gamma\left(\rho-\frac{v}{c^2}j_z\right) \tag{4.32}$$

がただちに求まる。こうして，電荷ρと電流密度$\boldsymbol{j}$が存在する場合のマクスウェル方程式もローレンツ共変となる。

このように，電磁場の相対性理論はローレンツにより（より一般的にはポアンカレ（J. H. Poincaré）によって）研究されていたが，前章で説明したとおり，アインシュタインは粒子の運動も含めて，自然全体に相対論的な見方を徹底的に押し進めた。ここがアインシュタインの非凡なところである。

以上によって，電磁場理論を変分原理で扱う準備が一応できた。

4.4　場の理論と変分原理

まず，一般の場の理論についての変分原理[2]について説明する。第2章で拡散現象の代数的解法を解説したさいに，粒子数密度場$n(\boldsymbol{x},t)$を導入した。こ

62　　第4章　場（電磁場）の理論と変分原理

の$n(\boldsymbol{x}, t)$は空間座標xの関数であり，これは一種の（古典的な）場の量である。一般に，場の量が電磁場$(\boldsymbol{A}, \phi)$のように多数ある場合を考えて，$\{\phi_j(\boldsymbol{r}, t)\}$とする。ラグランジアン密度$\mathcal{L}(\{\phi_j\}, \{\dot{\phi}_j\}, \{\operatorname{grad} \phi_j\}, t)$を導入し，それに基づく変分汎関数

$$I = \int_{t_1}^{t_2} \mathrm{d}t \int \mathrm{d}^3 x\, \mathcal{L}\left(\{\phi_j\}, \{\dot{\phi}_j\}, \{\operatorname{grad}\phi_j\}, t\right) \tag{4.33}$$

に対するオイラー–ラグランジュ方程式

$$\frac{\partial}{\partial t} \frac{\partial \mathcal{L}}{\partial \dot{\phi}_j} + \operatorname{div}\left(\frac{\partial \mathcal{L}}{\partial\left(\operatorname{grad} \phi_j\right)}\right) - \frac{\partial \mathcal{L}}{\partial \phi_j} = 0 \tag{4.34}$$

が，考えている物理系の基本法則を与えるように，ラグランジアン密度$\mathcal{L}$を決定する。上の変分汎関数(4.33)とオイラー–ラグランジュ方程式(4.34)は，第2章の多変数2階微分方程式の場合の変分原理に対するベクトル解析表示になっている。以下の節では，ベクトル解析の手法を用いず，ベクトルの各成分について直接計算することにする。

4.5　電磁場理論の変分原理

いよいよ変分原理の本題に入る。まず，結論を先に述べると，ローレンツ不変なラグランジアン密度$\mathcal{L}$は

$$\mathcal{L} = \frac{1}{2\mu_0}\left(\frac{1}{c^2}\boldsymbol{E}^2 - \boldsymbol{B}^2\right) \tag{4.35}$$

で与えられる[2),3)]。すなわち，これに対するオイラー–ラグランジュ方程式を具体的に計算することにより，マクスウェル方程式が次のようにして導ける。

まず，式(4.35)で与えられるラグランジアンがローレンツ不変であることを，4元ポテンシャル$((1/c)\phi, \boldsymbol{A})$のローレンツ変換公式(4.30)から直接求めてみ

る。電磁場テンソルの変換公式から機械的に求めるほうが簡単であるが，EとBのポテンシャルϕとAによる表式(4.6)と(4.7)から直接求めてみると，理解が深まる。

たとえば，B_x'は$B = \text{rot}\, A$より

$$
\begin{aligned}
B_x' &= \frac{\partial A_z'}{\partial y'} - \frac{\partial A_y'}{\partial z'} \\
&= \frac{\partial}{\partial y'}\left[\gamma\left(A_z - \frac{v}{c^2}\phi\right)\right] - \frac{\partial A_y}{\partial z'} \\
&= \frac{\partial y}{\partial y'}\frac{\partial}{\partial y}\left[\gamma\left(A_z - \frac{v}{c^2}\phi\right)\right] - \frac{\partial z}{\partial z'}\frac{\partial A_y}{\partial z} - \frac{\partial t}{\partial z'}\frac{\partial A_y}{\partial t} \\
&= \gamma\left(\frac{\partial A_z}{\partial y} - \frac{\partial A_y}{\partial z}\right) + \frac{\gamma v}{c^2}\left(-\frac{\partial \phi}{\partial y} - \frac{\partial A_y}{\partial t}\right) \\
&= \gamma\left(B_x + \frac{v}{c^2}E_y\right)
\end{aligned}
\tag{4.36}
$$

と変換される。ここで，式(4.7)とローレンツ変換(4.22)を用いた。他の成分も同様に求められる。z方向が進行方向であるとして，まとめると，

$$
\begin{aligned}
E_x' = \gamma\left(E_x - vB_y\right) &\qquad E_y' = \gamma\left(E_y + vB_x\right) &\qquad E_z' = E_z \\
B_x' = \gamma\left(B_x + \frac{v}{c^2}E_y\right) &\qquad B_y' = \gamma\left(B_y - \frac{v}{c^2}E_x\right) &\qquad B_z' = B_z
\end{aligned}
\tag{4.37}
$$

となる[2]。これを速度vの方向の成分$E_{/\!/}$，$B_{/\!/}$と，速度vに垂直な成分$E_\perp$，$B_\perp$とに分けて[2]，次のようにまとめると，後の計算に便利である。

$$
\begin{aligned}
E_\perp{}' &= \gamma\left(E_\perp + v\times B_\perp\right), &\qquad E_{/\!/}{}' &= E_{/\!/} \\
B_\perp{}' &= \gamma\left(B_\perp + v\times E_\perp/c^2\right), &\qquad B_{/\!/}{}' &= B_{/\!/}
\end{aligned}
\tag{4.38}
$$

以上により，ラグランジアン(4.35)のローレンツ不変性を直接導く準備ができた。すなわち，

64   第4章 場（電磁場）の理論と変分原理

$$\frac{1}{c^2}\left(E_\perp{}'\right)^2 - \left(B_\perp{}'\right)^2 = \frac{\gamma^2}{c^2}\left(E_\perp + v \times B_\perp\right)^2 - \gamma^2\left(B_\perp - v \times E_\perp/c^2\right)^2$$

$$= \frac{\gamma^2}{c^2}\left(1-\beta^2\right)E_\perp^2 - \left(1-\beta^2\right)B_\perp^2$$

$$= \frac{1}{c^2}E_\perp^2 - B_\perp^2 \tag{4.39}$$

とローレンツ不変性が導かれる。ただし，公式 $A \cdot (B \times C) = -C \cdot (B \times A)$ を用いた。

最後に，ラグランジアン（4.35）から電磁場の方程式（4.20）と（4.21）を導くことにする。ラグランジアンに対するオイラー–ラグランジュ方程式（4.34）を式（4.35）に対して，たとえば A_x に関して具体的に書くために，$\mathcal{L}$ の中の A_x に関係する部分を $(\mathcal{L})_x$ と表して，これを書き下すと

$$2\mu_0(\mathcal{L})_x = \frac{1}{c^2}\left(\frac{\partial\phi}{\partial x} + \frac{\partial A_x}{\partial t}\right)^2 - \left(\frac{\partial A_y}{\partial x} - \frac{\partial A_x}{\partial y}\right)^2 - \left(\frac{\partial A_x}{\partial z} - \frac{\partial A_z}{\partial x}\right)^2 \tag{4.40}$$

となる。これに対応するオイラー–ラグランジュ方程式は，

$$\frac{\partial}{\partial y}\left(\partial(\mathcal{L})_x \middle/ \partial\left(\frac{\partial A_x}{\partial y}\right)\right) + \frac{\partial}{\partial z}\left(\partial(\mathcal{L})_x \middle/ \partial\left(\frac{\partial A_x}{\partial z}\right)\right) - \frac{\partial}{\partial A_x}(\mathcal{L})_x = 0 \tag{4.41}$$

と表せる。これを具体的に計算し，ローレンツ条件（4.14）を用いて整理すると，

$$\frac{1}{c^2}\frac{\partial^2 A_x}{\partial t^2} - \Delta A_x = 0 \tag{4.42}$$

という電磁場 A の x 成分に関する方程式が得られる。他も同様である。こうして，変分原理によりマクスウェル方程式が導ける。

このように直接計算するのは，テンソル解析を用いて形式的に導くのに比べてたいへん面倒であるが，電磁理論の本質を深く理解するのに役立つと確信し

てていねいに説明した。ここで解説した内容は次章以降，量子力学などの変分原理を議論するのに大いに参考になるであろう。

参考文献
1) 鈴木増雄：パリティ 2012 年 4 月号 48 ページ，5 月号 46 ページ，6 月号 58 ページ，および 7 月号 44 ページ．
2) 牟田泰三：『岩波講座　現代の物理学 2　電磁力学』岩波書店（1992）．
3) C. P. プール，Jr.：『現代物理学ハンドブック』鈴木増雄，鈴木公，鈴木彰 訳，朝倉書店（2004）．

第5章

量子解析と経路積分（経路和）

　本章から量子力学と経路積分の話題を扱うが[1]，その準備として，非可換演算子の関数の解析的とり扱い[2]~[5]，とくに，その微分と「演算子テイラー展開」などをまずくわしく解説する。この「量子解析」[5]を用いて量子系を古典系に変換する方法[2]~[4]を説明し，さらにファインマンの経路積分法による量子化[6]についても，この「量子-古典対応」との対比で簡単にふれる。

　量子力学を代数的に扱うことにより，古典力学と量子力学とを統一的に理解することができる。すなわち，非可換性が無視できる極限として，古典力学をとらえることができるようになる。

5.1　量子解析（非可換演算子の関数解析）

　量子物理学や量子情報理論の分野では，行列や微分演算子などの任意の演算子 A の関数 $f(A)$ に対して，A と非可換な演算子 B との和の関数 $f(A+B)$ ともとの $f(A)$ との差を問題にする必要に迫られることがよくある。そのさい，$f(A)$ は解析的に求められるが，$f(A+B)$ を解析的に求めるのは困難な場合が多い。その場合には，B の効果が小さいとすれば，B で摂動展開する方法が有効であろう。A と B が可換な場合には，c数[*1] x, y に対するテイラー展開（c数テイラー

＊1　common number の略で，ふつうの数のこと。

68　　第5章　量子解析と経路積分（経路和）

展開）

$$f(x+y) = f(x) + \sum_{n=1}^{\infty} \frac{1}{n!} f^{(n)}(x) y^n \tag{5.1}$$

がそのまま演算子 A, B に対しても成り立つ：

$$f(A+B) = f(A) + \sum_{n=1}^{\infty} \frac{1}{n!} f^{(n)}(A) B^n \tag{5.2}$$

ただし，$f^{(n)}(x) = \mathrm{d}^n f(x)/\mathrm{d}x^n$（通常の n 階微分）である。しかし，A と B が非可換な演算子の場合には，事情は一変するように思われる[2),5)]。

たとえば，物理でよく出てくる指数演算子 e^{A+B} を B の1次まで展開すると，

$$\mathrm{e}^{A+B} = \mathrm{e}^A + \int_0^1 \mathrm{e}^{(1-\lambda)A} B \mathrm{e}^{\lambda A} \mathrm{d}\lambda + \cdots \tag{5.3}$$

となり，B の両側に演算子 A の関数がかかり，さらに，λ に関する積分が現れ，たいへん仰々しくなる[2),5)]。しかも，この展開公式を導くにも一工夫必要である[2),5)]（補遺5参照）。

もっとも簡単な演算子関数の展開公式は，次のレゾルベント展開である：

$$(A+B)^{-1} = A^{-1} - A^{-1}BA^{-1} + \left(A^{-1}B\right)^2 A^{-1} + \cdots + \left(-A^{-1}B\right)^n A^{-1} + \cdots \tag{5.4}$$

（これは，等式 $(A+B)^{-1} = A^{-1} - A^{-1}B(A+B)^{-1}$ より容易に示せる。）

いままでは，必要に応じて個々の関数ごとに工夫して展開公式が求められてきた。ここでは，一般の関数 $f(x)$ に対して，展開公式を求める方法[2),5)]を解説する。この理論を「量子解析」という[2),5)]。いろいろな定式化が可能であるが，筆者の提唱する「量子解析」の定式化の要件は次のとおりである：

(1) 古典的（可換な）定式化との対応が明瞭で，かつ連続的につながること。すなわち，可換な極限ではただちに古典的な表式が再現できること。

(2) 表式が，c数の場合と同様にとり扱いやすいこと。

この目標に照らして具体的に指数演算子 $f(A+B)=\mathrm{e}^{A+B}$ に対するテイラー展開の1次の項に関する表式を発見的に議論してみる。まず，A と B とが可換なときは，それは式(5.2)の右辺の第2項で与えられ，

$$f^{(1)}(A)B=\frac{\mathrm{d}\mathrm{e}^{A}}{\mathrm{d}A}B=\mathrm{e}^{A}B \tag{5.5}$$

と書けるが，非可換なときは式(5.3)となり，可換なときの式(5.5)の左辺の形式 $f^{(1)}(A)B=(\mathrm{d}\mathrm{e}^{A}/\mathrm{d}A)B$ との対応関係がみえにくい。ここで，あえて，演算子 A に対しても微分記号 $\mathrm{d}\mathrm{e}^{A}/\mathrm{d}A$ を用いた。可換な演算子の範囲で考えれば，公式 $\mathrm{d}\mathrm{e}^{x}/\mathrm{d}x=\mathrm{e}^{x}$ で $x=A$ とおき換えてもよい。しかし，非可換な世界では，演算子 $\mathrm{d}\mathrm{e}^{A}/\mathrm{d}A$ は定義できない（c数の場合と同じ式で定義してもまったく役に立たない）。そこで，演算子としてではなく，演算子を他の演算子に変換する「超演算子」（hyper operator）という一段高い概念としての $\mathrm{d}\mathrm{e}^{A}/\mathrm{d}A$ を定義して，可換な場合にも非可換な場合にも意味をもつようにしてみよう[2),5)]。数学的には，$\mathrm{d}\mathrm{e}^{A}/\mathrm{d}A$ は写像

$$\frac{\mathrm{d}\mathrm{e}^{A}}{\mathrm{d}A}:B\to\int_{0}^{1}\mathrm{e}^{(1-\lambda)A}B\mathrm{e}^{\lambda A}\mathrm{d}\lambda \tag{5.6}$$

を表すと定義すれば，$f(x)=\mathrm{e}^{x}$ に対してはそれで話は済む。これでは，上に掲げた「量子解析」の要件(1)と(2)を満たさないし，他の関数に対してはどのような具体的な表式が現れるのかも見当がつかない。こういう場合に有効な研究戦略としては，式(5.6)の写像をできるかぎり見通しのよいとり扱いやすい表式に変形してみることである。

筆者のとった戦略は，「内部微分」とよばれる超演算子 δ_{A} を用いて式(5.6)を表すことである[2),5)]。この δ_{A} は，任意の演算子 A, B に対して

$$\delta_{A}B=[A,B] \qquad (\text{すなわち，}\ \delta_{A}:B\to[A,B]) \tag{5.7}$$

で定義される。この δ_{A} を「微分」とよぶのは，微分演算子 $D(\equiv\mathrm{d}/\mathrm{d}x)$ の特徴の

70   第5章　量子解析と経路積分（経路和）

1つであるライプニッツ（G. W. Leibniz）則

$$D(f(x)g(x)) = (Df(x))g(x) + f(x)Dg(x) \tag{5.8}$$

と同形の法則

$$\begin{aligned}
\delta_A(BC) &= (\delta_A B)C + B\delta_A C \\
&= [A,B]C + B[A,C]
\end{aligned} \tag{5.9}$$

が成り立つからである。「内部……」とよぶのは，「外部微分」という別な量と区別するためである。いずれにしても，量子解析では，この δ_A が至るところで便利に使われる。その理由の1つに，次の補題が成り立つことがあげられる:

$$e^{x\delta_A}B = e^{xA}B\,e^{-xA} \tag{5.10}$$

（この等式は，両辺を x で n 回微分して $x = 0$ とおいたものがすべての n に対して互いに一致することから容易に示される。）

　もう1つの理由は，「演算子 A を B に左から乗ずること」を「超演算子 A を B に作用させる」とみなすと，A と δ_A は互いに可換な超演算子である，すなわち

$$(A\delta_A)B = (\delta_A(AB)) \tag{5.11}$$

という性質があることである。このことから，超演算子 $\mathrm{d}e^A/\mathrm{d}A$ を A と δ_A で表すと，c 数のように，変形が自由自在になり計算が容易になる。

　さて，いま問題にしている指数演算子の例（5.6）の表式は，δ_A の上の2つの特徴を用いると，

$$\begin{aligned}
\frac{\mathrm{d}e^A}{\mathrm{d}A} &= \int_0^1 e^{A-\lambda\delta_A}\mathrm{d}\lambda = \frac{e^A - e^{A-\delta_A}}{\delta_A} = e^A \cdot \frac{1 - e^{-\delta_A}}{\delta_A} \\
&= e^A\left(1 - \frac{1}{2!}\delta_A + \frac{1}{3!}\delta_A^2 + \cdots + \frac{1}{n!}(-\delta_A)^{n-1} + \cdots\right)
\end{aligned} \tag{5.12}$$

のように，さまざまな使いやすい形に変形できる。上の表式から，一般の関数 $f(x)$ に対して $\mathrm{d}f(A)/\mathrm{d}A$ の表式を予想する（見当をつける）のは少々無理がある

（強引）かもしれない。じつは，$f(x) = e^x$ の場合は，$f'(x) \equiv f^{(1)}(x) = e^x = f(x)$ となり，もとの関数と微分した関数が同じであるから，式 (5.12) の右辺の第1式で積分の中をそのまま $f(A - \lambda\delta_A)$ と解釈すると誤った結果になる。右辺の第2式で

$$\frac{\mathrm{d}f(A)}{\mathrm{d}A} = \frac{f(A) - f(A - \delta_A)}{\delta_A} \tag{5.13}$$

とおくと，後でわかるように正しい表式になる[2),5)]。これは，

$$\frac{\mathrm{d}f(A)}{\mathrm{d}A} = \int_0^1 f^{(1)}(A - \lambda\delta_A)\mathrm{d}\lambda \tag{5.14}$$

とも変形できるので，式 (5.12) の右辺の第1式の積分の中は e^x を微分した関数形と解釈するのが正しいことがわかる。このあたりが，新しい理論をつくるさいに「わくわくする」体験を味わえるところである[5)]。

　数学的には，「量子微分」$\mathrm{d}f(A)/\mathrm{d}A$ は演算子の関数空間で，極限操作を用いて定義される[5)]が，通常の関数の極限と比べて，演算子の場合は難しい収束性の問題が出てくるので，ここでは，"形式的に予想される表式"(5.13)，すなわち (5.14) を定義式として，むしろ，$f(A + B)$ のテイラー展開が式 (5.16)（一般には，高次まで含めて式 (5.18)）のように与えられることを証明するという立場で「量子解析」を組み立てる。利用する立場では，このほうがわかりやすいと思われる。

　一般形を正しく予想するためには，もう1つ別の関数，たとえば多項式 $f(x) = x^m$（m は正の整数）について具体的な表式を求めてみるとよい[5)]。$(A + B)^m$ を展開し，B の1次の項を A と δ_A の関数を B に乗じた形式に変形すると，

$$\frac{\mathrm{d}A^m}{\mathrm{d}A} = \frac{A^m - (A - \delta_A)^m}{\delta_A} \tag{5.15}$$

となることが，$m = 1, 2$ で確かめられ，一般の m に対しては数学的帰納法を使って容易に示せる[5)]。（δ_A の逆 δ_A^{-1} は存在しないが，式 (5.15) の分子と分母の

A と δ_A をc数のように扱って約分した後の式 (5.15) は，A と δ_A の多項式となり問題なく定義される。補遺6を参照してほしい。) $f(x)$ をc数に関する通常のテイラー展開を行い，$x = A$ として，上の公式 (5.15) を適用すれば，一般の関数 $f(x)$ に対しては，式 (5.13) が成り立つことがわかる。したがって，一般に式 (5.14) が成り立つ。この表式は，たいへん美しい形をしており，「量子解析」の要件 (1) と (2) を満たしている。すなわち，「量子微分」 $df(A)/dA$ が古典的な微分 $f^{(1)}(x) = df(x)/dx$ を用いて表されているところが特徴であり，その結果，量子-古典対応がみやすくなっている[2),5)]。B の高次の項の表式については次節で説明する。

5.2 テイラー展開（高次量子微分 $d^n f(A)/dA^n$）

前節でくわしく説明したとおり，A と B が互いに非可換な場合でも，B の1次まではc数に関するテイラー展開と同形に書ける：

$$f(A+B) = f(A) + \frac{df(A)}{dA}B + \cdots \tag{5.16}$$

ただし，量子微分 $df(A)/dA$ は演算子ではなく，「超演算子」である。じつは，筆者のくわしい研究[2),5)]によると，高次に関しても同様に，「高次量子微分」 $d^n f(A)/dA^n$ を

$$\frac{d^n f(A)}{dA^n} = n! \int_0^1 dt_1 \int_0^{t_1} dt_2 \cdots \int_0^{t_{n-1}} dt_n f^{(n)}\left(A - t_1\delta_1 - \cdots - t_n\delta_n\right) \tag{5.17}$$

のように定義すると，次の「演算子テイラー展開」が成り立つことが証明できる[2),5)]：

$$f(A+B) = f(A) + \frac{df(A)}{dA}B + \cdots + \frac{1}{n!}\frac{d^n f(A)}{dA^n}B^n + \cdots \tag{5.18}$$

ただし，式 (5.17) の被積分関数の中にある $\{\delta_j\}$ は次のように定義される超演算子である：

$$\delta_j B^n = B^{j-1} (\delta_A B) B^{n-j} \tag{5.19}$$

また，$f^{(n)}(x)$ は $f(x)$ の（通常の）n 階微分を表す（補遺8参照）。この演算子テイラー展開公式を用いると，よく知られた公式

$$e^{t(A+xB)} = e^{tA} + e^{tA} \sum_{n=1}^{\infty} x^n \int_0^t dt_1 \int_0^{t_1} dt_2 \cdots \int_0^{t_{n-1}} dt_n B(t_1) B(t_2) \cdots B(t_n) \tag{5.20}$$

が容易に導かれる。ただし，$B(t)$ は

$$B(t) = e^{-t\delta_A} B = e^{-tA} B e^{tA} \tag{5.21}$$

である。また，リゾルベント展開（5.4）や量子情報理論でよく使われる対数演算子 $\log(A+B)$ の展開公式なども容易に導ける[2),5)]。

5.3 量子解析の有益な公式とBCH公式への応用

いままで説明してきた量子解析（量子微分）は，いろいろな応用がある。たとえば，演算子 A がパラメーター x の関数 $A = A(x)$ の場合には，次の公式が成り立つ：

$$\frac{d}{dx} f(A(x)) = \frac{df(A(x))}{dA(x)} \frac{dA(x)}{dx} \tag{5.22}$$

ただし，$df(A(x))/dA(x)$ は式（5.14）で定義された量子微分である。また，式（5.13）の分子は $\delta_{f(A)}$ と変形することもできるので[2),5)]，

$$\frac{df(A)}{dA} = \frac{\delta_{f(A)}}{\delta_A} \qquad または \qquad \delta_{f(A)} = \frac{df(A)}{dA} \delta_A = \delta_A \frac{df(A)}{dA} \tag{5.23}$$

が成り立つ。上の第2式は，交換関係 $[f(A), g(B)]$ などを計算するのに有効に利用できる。すなわち，任意の関数 $f(x)$ と $g(x)$ に対して，式（5.23）より

$$\left[f(A),\ g(B) \right] = \delta_{f(A)} g(B) = \frac{\mathrm{d}f(A)}{\mathrm{d}A} \delta_A g(B)$$

$$= -\frac{\mathrm{d}f(A)}{\mathrm{d}A} \delta_{g(B)} A = -\frac{\mathrm{d}f(A)}{\mathrm{d}A}\frac{\mathrm{d}g(B)}{\mathrm{d}B} \delta_B A = \frac{\mathrm{d}f(A)}{\mathrm{d}A}\frac{\mathrm{d}g(B)}{\mathrm{d}B} \left[A, B \right] \qquad (5.24)$$

となる。たとえば,

$$\left[\mathrm{e}^{xA},\ \mathrm{e}^{yB} \right] = \int_0^x \mathrm{d}\lambda\, \mathrm{e}^{(x-\lambda)A} \int_0^y \mathrm{d}\mu\, \mathrm{e}^{(y-\mu)B} \times \left[A, B \right] \mathrm{e}^{\mu B} \mathrm{e}^{\lambda A} \qquad (5.25)$$

となる。とくに$[A,\ B]$がAともBとも可換な場合には,

$$\left[\mathrm{e}^{xA},\ \mathrm{e}^{yB} \right] = \mathrm{e}^{xA}\mathrm{e}^{yB} \times \left\{ 1 - \exp\left(-xy\left[A, B \right] \right) \right\} \qquad (5.26)$$

となる(補遺9参照)。運動量pと座標qに対しては,$[q,\ p] = \mathrm{i}\hbar$より,

$$\left[\mathrm{e}^{xq},\ \mathrm{e}^{yp} \right] = \left(1 - \mathrm{e}^{-\mathrm{i}\hbar xy} \right) \mathrm{e}^{xq}\mathrm{e}^{yp} \qquad (5.27)$$

となる。式(5.24)で$g(B) = B$の場合もよく使われる:

$$\left[f(A),\ B \right] = \frac{\mathrm{d}f(A)}{\mathrm{d}A}\left[A, B \right] = \int_0^1 f^{(1)}\left(A - \lambda\delta_A \right)\left[A, B \right] \mathrm{d}\lambda \qquad (5.28)$$

　量子力学の計算は代数的にみれば,最初にハイゼンベルク(W. K. Heisenberg)がいみじくも看破したように,非可換な演算子の交換関係の計算に尽きるといってもよい。この意味で非可換微分の解析を「量子解析」(quantum analysis)とよぶのは適切であると思われる[2),5)]。要するに,これは量子力学的計算に関する解析である。

　また,ベーカー–キャンベル–ハウスドルフ(Baker-Campbell-Hausdorff, BCH)公式の一般項を導くのにも量子解析はきわめて有効である。BCH公式とは,任意の演算子A, Bに対して

$$e^{xA}e^{xB} = e^{x(A+B)+x^2C_2+x^3C_3+\cdots} \tag{5.29}$$

の形の等式を表す。ただし，$\{C_n\}$ はすべて交換子の1次結合のみで表される[2]。たとえば，

$$C_2 = \frac{1}{2}\big[A, B\big],$$
$$C_3 = \frac{1}{6}\big[A-B, C_2\big] = \frac{1}{12}\big[A-B, \big[A, B\big]\big] \tag{5.30}$$

である。$\{C_n\}$ をすべて求める方法には漸化式の方法などがあるが[7]，本章で説明した量子解析の方法がもっとも簡潔で見通しがよい。すなわち，

$$e^{xA}e^{xB} = e^{\Phi(x)} \tag{5.31}$$

とおいて，量子解析を用いて，$\Phi(x) = \log(e^{xA}e^{xB})$ に対する微分方程式をつくり，それを解くことにより $\Phi(x)$ が求められる[8]。結果のみを書くと次のようになる[8]：

$$\Phi(x) = \log\big(e^{xA}e^{xB}\big)$$
$$= \sum_{n-1}^{\infty} \frac{1}{n}\int_0^x \big(1-e^{t\delta_A}e^{t\delta_B}\big)^{n-1}\big(A+e^{t\delta_A}B\big)dt \tag{5.32}$$

（補遺7参照。）

これは，明らかに，交換子の1次結合のみで表されている。A と B が適当なリー群の構成要素になっていれば，式(5.32)は有限な次数までで閉じて簡単になる。たとえば，$[A, B] = 2C_2$ が A とも B とも可換な場合には，$n \geq 3$ に対する C_n はすべてゼロになる。したがって，このときには，BCH公式(5.29)は簡単になる。これより，公式(5.26)を導くこともできる。

上の方法は，任意の演算子の組 $\{A_j(x)\}$ に関する

$$\Phi(x) = \log\big(e^{A_1(x)}e^{A_2(x)}\cdots e^{A_r(x)}\big) \tag{5.33}$$

76   第5章　量子解析と経路積分（経路和）

に対しても同様のとり扱いができる[8]。

5.4　指数積分解とST変換（経路和の方法）

　多くの理論科学の問題の形式的な解が指数演算子 $\exp[x(A + B)]$ を用いて表される。演算子 B の効果が A の効果に比べて十分小さい場合には，前に説明した量子テイラー展開公式が有効であるが，両者が同程度の場合には，別の方法が必要になる。その1つが，次のいわゆるトロッター公式

$$\mathrm{e}^{x(A+B)} = \lim_{n\to\infty}\left(\mathrm{e}^{xA/n}\,\mathrm{e}^{xB/n}\right)^n \tag{5.34}$$

を利用することである[4),9)]。（これは，BCH公式（5.29）で C_2 以上の高次項を省略した式で x を x/n とおき換え，n 回くり返すことにより得られる。）すなわち，上式右辺のおのおのの $\mathrm{e}^{xA/n}$ と $\mathrm{e}^{xB/n}$ との間に，完全正規直交系 $\{|\alpha_j\rangle\}$ の恒等式

$$\sum_j |\alpha_j\rangle\langle\alpha_j| = 1 \tag{5.35}$$

を挿入して $\langle\alpha_j|\mathrm{e}^{xA/n}|\beta_j\rangle$ や $\langle\alpha_j{'}|\mathrm{e}^{xB/n}|\beta_j{'}\rangle$ などの値を具体的に求めた表示をつくると，指数演算子 $\mathrm{e}^{x(A+B)}$ のc数表現（古典的表示）が求められる[4),9)]。この表示法は，ST変換（鈴木-トロッター（Suzuki-Trotter）変換）とよばれ，量子モンテカルロ法などの基礎となっている[4, 9)]。

　ここまでの話は少し数学的であったので，簡単なしかも物理的な例を用いて，指数積公式の応用としての経路和の方法の本質をここで説明する。まず，1個の粒子またはスピンの量子的ふるまいについて考える。〈図5.1〉のような2重井戸ポテンシャルの中におかれた（原子のような）量子的な粒子のふるまいを理論的に解明することはたいへん興味深い問題である。このポテンシャルのもとで，シュレーディンガー方程式を解くことになるが，これはきわめて困難な問題であり，本題の目的ではないので，この問題を簡素化して扱うことにする。

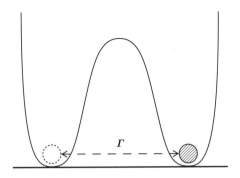

〈図5.1〉2重井戸ポテンシャル中のトンネル現象

この系を模式化すると,量子イジングモデルで表され,そのハミルトニアン$\mathcal{H}$は$\mathcal{H} = -\Delta\sigma^z - \Gamma\sigma^x$と書ける。パウリ演算子$\sigma^z$の固有状態$|+\rangle$と$|-\rangle$が2つのエネルギー極小状態に対応する。それら2つの状態は,$\Delta = 0$(図の場合に対応)では縮退している。それら2つの状態間の量子的遷移の効果が非対角項$-\Gamma\sigma^x$で表され,遷移確率は$|\Gamma|^2$に比例する。この模型は,$\Delta = M_B H$に対応する磁場Hの中のスピンに横磁場がかかった系を表しているとみることもできる。

この系の特徴は,2つのエネルギー極小値をもち,その間で状態が変化することである。そこで,この系を模式化して,スピン系でおき換える。すなわち,パウリスピン演算子

$$\sigma_x = \begin{pmatrix} 0 & 1 \\ 1 & 0 \end{pmatrix}, \quad \sigma_y = \begin{pmatrix} 0 & i \\ -i & 0 \end{pmatrix}, \quad \sigma_z = \begin{pmatrix} 1 & 0 \\ 0 & -1 \end{pmatrix} \tag{5.36}$$

を用いて,この系のハミルトニアン$\mathcal{H}$を

$$\mathcal{H} = -\Delta\sigma^z - \Gamma\sigma^x = \begin{pmatrix} -\Delta & -\Gamma \\ -\Gamma & \Delta \end{pmatrix} \tag{5.37}$$

と書く。これは,簡単に対角化でき,固有値は$\pm(\Delta^2 + \Gamma^2)^{1/2}$で与えられるので,この系のダイナミクスも簡単に計算できる。ここでの目的は,指数積分解と経路和との関係を説明し,それによって解析的に解くことが困難な系でもこの方式が有効であるのを示すことである。

78   第5章　量子解析と経路積分（経路和）

そこで，ダイナミクスは別な機会に議論することにして，このスピン系（独立なN個のスピン系として考えるのが統計力学的扱い方であるが1個の系としても同じ）が温度Tの熱平衡状態にあるとして，その状態和$Z_1(\beta)$を，わざわざ指数積分解公式(5.34)を用いて求めてみる。すなわち，

$$Z_1(\beta) = \mathrm{Tr}\, e^{-\beta\mathcal{H}} = \lim_{n\to\infty} \mathrm{Tr}\left(e^{h_n\sigma^z} e^{\gamma_n\sigma^x}\right)^n \tag{5.38}$$

となる。ただし，$h_n = \beta\Delta/n$ および $\gamma_n = \beta\Gamma/n$ である。1個のスピンでは，恒等式(5.35)を満たす完全正規直交系としてはσ^zの2つの固有状態$|+\rangle$と$|-\rangle$をとればよい。すなわち，

$$\sigma^z|\sigma\rangle = \sigma|\sigma\rangle; \qquad \sigma = \pm 1 \tag{5.39}$$

である。式(5.38)の中間状態は（トレースをとる両端の状態まで含めて）$2n$個であるが，$\exp(h_n\sigma^z)$は，上の表示では対角成分しかもたないので，$\{\sum_{\sigma_j=\pm 1} |\sigma_j\rangle\langle\sigma_j|\,; \sigma_j = \pm 1\,; j = 1, 2, \cdots, n\}$ というn個の単位演算子を式(5.38)の指数積の間に挿入すればよい。こうして，

$$Z_1(\beta) = \lim_{n\to\infty} \sum_{\sigma_1=\pm 1} \sum_{\sigma_2=\pm 1} \cdots \sum_{\sigma_n=\pm 1} \langle\sigma_1|e^{h_n\sigma^z}|\sigma_1\rangle\langle\sigma_1|e^{\gamma_n\sigma^x}|\sigma_2\rangle$$
$$\times \langle\sigma_2|e^{h\sigma^z}|\sigma_2\rangle\langle\sigma_2|e^{\gamma_n\sigma^x}|\sigma_3\rangle\cdots\langle\sigma_n|e^{h_n\sigma^z}|\sigma_n\rangle\langle\sigma_n|e^{\gamma_n\sigma^x}|\sigma_1\rangle \tag{5.40}$$

という経路和の表示が得られる。この式をみて，この0次元（一般にd次元）量子スピン系が1次元（一般に$d+1$次元）イジング模型（古典系[*2]）に変換されることを知ったときは，計算物理などさまざまな分野への応用の可能性を予期して[3),4)]，たいへん興奮したものである[9)]。

よりわかりやすくするために，式(5.40)のおのおのの行列要素をイジングス

---

*2　ここでの「古典系」とは，変数がc数で表され，それらの間の相互作用が短距離力（局所的な力）になっている系のことである。（そのc数が連続変数か離散変数かは問わない。）量子ハミルトニアンは適当なユニタリー変換で対角化されるが，その表示は系全体にかかわるc数表示になるので，この対角化された表示は，ここでの「古典系」とはまったく別のものである。

ピン $\{\sigma_j\}$ を用いて書き表すと[9),10)]，

$$\langle \sigma_j | e^{h_n \sigma^z} | \sigma_j \rangle = e^{h_n \sigma_j} \tag{5.41}$$

$$\langle \sigma_j | e^{\gamma_n \sigma^x} | \sigma_{j+1} \rangle = \left(\frac{\sinh(2\gamma_n)}{2} \right)^{1/2} e^{K_n \sigma_j \sigma_{j+1}} \tag{5.42}$$

となる。ただし，

$$K_n = \frac{1}{2} \log \coth(\gamma_n) \tag{5.43}$$

これらの表示法を用いて，式 (5.40) の状態和 $Z_1(\beta)$ を書き直すと，

$$Z_1(\beta) = \lim_{n \to \infty} \left(\frac{\sinh 2\gamma_n}{2} \right)^{n/2} \mathrm{Tr}\, e^{-\beta \mathcal{H}^{(n)}_{\mathrm{Ising}}} \tag{5.44}$$

となる。ただし，

$$-\beta \mathcal{H}^{(n)}_{\mathrm{Ising}} = h_n \sum_{j=1}^{n} \sigma_j + K_n \sum_j \sigma_j \sigma_{j+1} \tag{5.45}$$

これは，磁場のある1次元イジング模型を表しており，パラメーター K_n は量子軸 (ST軸) 方向の相互作用を表している。上の有効ボルツマン因子の重みで，〈図5.2〉で示されているような経路和を求めれば状態和が得られ，最後に $n \to \infty$ の極限をとると，

$$Z_1(\beta) = 2\cosh\left(\beta \sqrt{\Delta^2 + \Gamma^2} \right) \tag{5.46}$$

に達する。もちろん，この1個のスピンの場合には，初めから，もとの量子ハミルトニアンを対角化し，その固有値から求めたほうが手っとり早い。

　この例をふまえて，より興味深い相互作用をしている量子スピン系などの古

(a)

(b)

〈図5.2〉スピン1個の場合の経路（和）の例
横軸が量子軸（ST軸）を表し, 量子効果を記述する。パウリ演算子 σ^z の固有状態 $|\pm\rangle$ から $|\pm\rangle$ へ戻る経路の2つの例を示した（$n = 11$ の場合）。

典表示をつくることができる[9]。そのいちばん扱いやすい量子スピン系は, 1次元横磁場イジング模型である。

この1次元横磁場イジング模型

$$\mathcal{H} = \mathcal{H}_0 + \mathcal{H}_1 = -J\sum_j \sigma_j^z \sigma_{j+1}^z - \Gamma \sum_{j=1}^N \sigma_j^x \tag{5.47}$$

の状態和 $Z_{\mathrm{TI}} = \mathrm{Tr}\exp(-\beta\mathcal{H})$ は, 次のように2次元イジング模型の状態和 Z_{I} に変換（ST変換）される：

$$Z_{\mathrm{TI}} = \mathrm{Tr}\, e^{-\beta\mathcal{H}} = \lim_{n\to\infty} \mathrm{Tr}\left(e^{-\beta\mathcal{H}_0/n}\, e^{-\beta\mathcal{H}_1/n}\right)^n = \lim_{n\to\infty} C_n \mathrm{Tr}\, e^{-\beta\mathcal{H}_{\mathrm{I}}^{(n)}} \tag{5.48}$$

ただし,

$$C_n = \left(\frac{1}{2}\sinh(2\beta\Gamma/n)\right)^{Nn/2} \quad \text{および}$$

$$-\beta\mathcal{H}_{\mathrm{I}}^{(n)} = \frac{\beta J}{n}\sum_{i,j}\sigma_{i,j}\sigma_{i+1,j} + \frac{1}{2}\log\coth\left(\frac{\beta\Gamma}{n}\right)\sum_{i,j}\sigma_{i,j}\sigma_{i,j+1} \tag{5.49}$$

である[4),9)]。（この変換の例は, 多くの本でたびたびくわしく解説されてい

る[10]。）こうして，量子系が古典的な変数の経路和で表され，一般にd次元量子系は$(d+1)$次元古典系に変換される[4],[9]。これは，量子-古典対応ともよばれている。

実際の計算はトロッター数nが有限のときに行われるので，オーダー $O(1/n)$ または $O(1/n^2)$ の誤差が現れる。そこで，より高次の分解公式があれば便利である。これも，量子解析，とくにBCHの一般項を求める方法を用いると可能となる[11]～[14]。ここでは，高次分解公式の（漸化式などによる）導出法は，主題からそれるので省略する。

これらの指数積分解公式は他の近似法に比べてきわ立って優れた特徴をもっている[4],[11]～[14]。量子力学の波動関数$(\psi(t))$の時間発展を議論する場合には

$$\left|\psi(t)\right\rangle = e^{t\mathcal{H}/i\hbar}\left|\psi(0)\right\rangle = e^{t(\mathcal{H}_0+\mathcal{H}_1)/i\hbar}\left|\psi(0)\right\rangle \tag{5.50}$$

を計算することになるが，エルミートな$\mathcal{H}$に対する時間発展演算子$\exp(t\mathcal{H}/i\hbar)$はユニタリー性をもっていて，確率が保存される。ルンゲ-クッタ法などの近似法を使うと，これが破れる。指数積分解法は，どの近似でもこのユニタリー性が保存されるという利点がある。また，力学の問題などではシンプレティックな性質があるが，それも指数積分解法では保存される。

5.5 ファインマンの経路積分と量子化

上の量子-古典対応は，量子スピン系のように元来量子系で導入された系を古典系の表示に変換する方法であるが，調和振動子

$$\mathcal{H} = \frac{1}{2}mv^2 + \frac{1}{2}kx^2 \tag{5.51}$$

のような古典系を量子化する方法として，ファインマン（R. P. Feynman）は経路積分を導入した[6],[15]～[17]。

古典力学としては，式(5.51)は，バネの運動方程式$m\ddot{x} = -kx$を与えるが，

82　第5章　量子解析と経路積分（経路和）

これを経路積分と関係づけることにより，ファインマンは，ディラック（P. A. M. Dirac）のアイデアをもとにして，ハイゼンベルクやシュレーディンガー（E. Schrödinger）の方式とは異なる「経路積分による量子力学の定式化」に成功した。すなわち，量子力学で基本となる遷移振幅を表す物理量$Z_{\text{ini, fin}}$は

$$
\begin{aligned}
Z_{\text{ini,fin}} &\equiv {}_{\text{fin}}\langle \psi | \psi \rangle_{\text{ini}} \\
&= \int_{\text{ini}}^{\text{fin}} \exp\left(\frac{i}{\hbar} \int \mathcal{L}\big(x(t), \dot{x}(t)\big) dt \right) \times D\big[x(t)\big]
\end{aligned}
\tag{5.52}
$$

と表される。ここで，$D[x(t)]$は経路$x = x(t)$に関する「経路積分」を表し，$\mathcal{L}$は式（5.51）に対応するラグランジアン

$$
\mathcal{L} = \frac{1}{2} m \big(\dot{x}(t)\big)^2 - \frac{1}{2} k x^2(t)
\tag{5.53}
$$

を表す。

　表式（5.50）とシュレーディンガー方程式との関係やこの経路積分の応用については，次章でくわしく説明する。

5.6　経路積分と古典–量子対応

　本章では，量子力学において基本的な非可換演算子の解析法である「量子解析」と，その応用としての指数積分解および「量子–古典対応」に重点をおいて解説した。最後に，これと対比させるためと，次章の導入として，ファインマンの経路積分を簡単に説明した。これは，いわば，「古典–量子対応」になっているといえる。すなわち，それは，古典系から量子系の定式化をする方法である。ラグランジアンの時間積分である「作用」が経路積分の位相を与えているので，作用が大きいところは打ち消し合い，作用が最小のところ（変分原理の解）がいちばん大きく経路積分に寄与し，その効果は$\hbar \to 0$で極端に大きくなり，古典的な解を与えることになる。量子効果は，この古典解のまわりのゆらぎとして表される（〈図5.3〉参照）。

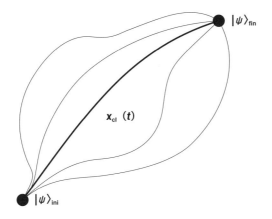

〈図5.3〉 古典解 $x_{cl}(t)$ のまわりのさまざまな経路
$|\psi\rangle_{ini}$ は初期状態，$|\psi\rangle_{fin}$ は終状態を表す。

　このように，変分原理（最小作用の原理）を定式化するさいに導入されたラグランジアンがファインマンの経路積分の導入に本質的役割を果たしたことは注目すべきことである。これより，変分原理が物理の理解をいかに深めるかがわかる。

補遺5　指数演算子 e^{A+B} のテイラー展開に関する従来の導出法

　テイラー展開の公式を導く式をまず示す。
そのために，

$$e^{t(A+B)} = e^{tA} f(t) \tag{A5.1}$$

とおくと，演算子関数 $f(t)$ は次の微分方程式を満たす：

$$\frac{df(t)}{dt} = B(t) f(t) \tag{A5.2}$$

84　第5章　量子解析と経路積分（経路和）

ただし，$B(t)$は次の相互作用表示を表す：

$$B(t) = e^{-tA}Be^{tA} \tag{A5.3}$$

初期条件$f(0) = 1$（単位演算子）を用いて，式（A5.2）を積分すると，次の積分方程式が得られる：

$$f(t) = 1 + \int_0^t B(s)f(s)\mathrm{d}s \tag{A5.4}$$

これを逐次法で解くと（すなわち，左辺の$f(t)$の表式を右辺の$f(s)$に代入していき，この手続きをくり返して），次のテイラー展開の公式を得る：

$$e^{t(A+B)} = e^{tA}\left(1 + \int_0^t B(t_1)\mathrm{d}t_1 + \int_0^t \mathrm{d}t_1 \int_0^{t_1} \mathrm{d}t_2 B(t_1)B(t_2) + \cdots\right.$$
$$\left. + \int_0^t \mathrm{d}t_1 \int_0^{t_1} \mathrm{d}t_2 \cdots \int_0^{t_{n-1}} \mathrm{d}t_n B(t_1)B(t_2)\cdots B(t_n) + \cdots\right) \tag{A5.5}$$

ここで，$t = 1$とおき，Bの1次までとると，式（5.3）が得られる。

補遺6　べき演算子A^mの量子微分$\mathrm{d}A^m/\mathrm{d}A$の導出

「量子微分」の定義式（5.13）が妥当なものであることを納得するために，演算子A^m（mは正の整数）のテイラー展開を具体的に調べてみる。すなわち，$(A + B)^m$をBで展開する。2つの演算子AとBが非可換であることに注意し，「内部微分」δ_Aを用いて，Bを右側にもってくる[5]。発見法的に（帰納的に），$m = 1, 2, \cdots$と調べて一般式（5.13）を予想し，最後に数学的帰納法で証明する。

まず，$m = 1$の場合には，

$$(A+B)^1 = A + 1 \cdot B \quad \therefore \quad \frac{\mathrm{d}A}{\mathrm{d}A} = 1 = \frac{A - (A - \delta_A)}{\delta_A} \tag{A6.1}$$

となる。$m = 2$ の場合には，

$$
\begin{aligned}
(A+B)^2 &= A^2 + AB + BA + B^2 \\
&= A^2 + (2A - \delta_A) \cdot B + B^2
\end{aligned} \tag{A6.2}
$$

となるから，

$$
\frac{\mathrm{d}A^2}{\mathrm{d}A} = 2A - \delta_A = \frac{A^2 - (A - \delta_A)^2}{\delta_A} \tag{A6.3}
$$

となる。同様に，

$$
(A+B)^m = A^m + \sum_{j=1}^{m} A^{j-1} B A^{m-j} + \mathrm{O}(B^2) \tag{A6.4}
$$

$$
= A^m + \left(mA^{m-1} - \sum_{j=1}^{m} A^{j-1} \delta_{A^{m-j}} \right) B + \mathrm{O}(B^2) \tag{A6.5}
$$

となるから，量子微分 $\mathrm{d}A^m/\mathrm{d}A$ は，

$$
\frac{\mathrm{d}A^m}{\mathrm{d}A} = mA^{m-1} - \sum_{j=1}^{m} A^{j-1} \delta_{A^{m-j}} \tag{A6.6}
$$

で与えられる。次に，上式の第2項にある内部微分を δ_A で表す。そのためには，$\delta_{A^n} = A^n - (A - \delta_A)^n$ を仮定すると，恒等式[5]

$$
\delta_{A^{m+1}} = \delta_{A^m A} = A^m \delta_A + (A - \delta_A) \delta_{A^m} \tag{A6.7}
$$

を用いて，数学的帰納法により，

$$
\delta_{A^{n+1}} = A^{n+1} - (A - \delta_A)^{n+1} \tag{A6.8}
$$

が得られる[5]。これを式 (A6.6) に代入すると，A と δ_A は可換であるから，

86　第5章　量子解析と経路積分（経路和）

$$\frac{dA^m}{dA} = \frac{A^m - \left(A - \delta_A\right)^m}{\delta_A} = \frac{\delta_{A^m}}{\delta_A}$$ (A6.9)

とまとめられる。式(A6.9)の第2等式の変形には，恒等式(A6.8)を用いた。

　このように，量子微分が2つの超演算子，すなわち，2つの内部微分の比で表されることはたいへん興味深い。こうして，一般の演算子関数 $f(A)$ の量子微分を式(5.13)で定義することの妥当性が理解できる。逆に，式(5.13)で定義すれば，式(5.16)が導けるといい換えてもよい。要するに，式(5.13)と式(5.16)とは同等である。

補遺7　BCH公式と式(5.32)の導出

　指数積演算子 $e^{xA}e^{xB}$ を1つの指数演算子 $e^{\Phi(x)}$ にまとめる（BCH公式）：

$$e^{xA}e^{xB} = e^{\Phi(x)}$$ (A7.1)

両辺を x で微分すると，量子解析（すなわち量子微分）を用いて

$$\frac{de^{\Phi(x)}}{d\Phi(x)}\frac{d\Phi(x)}{dx} = e^{xA}Ae^{xB} + e^{xA}e^{xB}B$$

$$= e^{xA}e^{xB}\left(e^{-x\delta_B}A + B\right) = e^{\Phi(x)}\left(e^{-x\delta_B}A + B\right)$$ (A7.2)

となる。さらに，量子微分の公式(5.12)より得られる表式

$$\frac{de^{\Phi(x)}}{d\Phi(x)} = e^{\Phi(x)} \cdot \frac{1 - e^{-\delta_{\Phi(x)}}}{\delta_{\Phi(x)}}$$ (A7.3)

を用いて，(A7.2)から次の $\Phi(x)$ に関する微分方程式が得られる：

$$\frac{d\Phi(x)}{dx} = \frac{\delta_{\Phi(x)}}{1 - e^{-\delta_{\Phi(x)}}}\left(e^{-x\delta_B}A + B\right)$$ (A7.4)

上式の左辺を δ_A と δ_B で表す。それには，次の恒等式に気づけばよい：

$$\mathrm{e}^{\delta_{\Phi(x)}} = \mathrm{e}^{x\delta_A}\mathrm{e}^{x\delta_B}, \quad \text{すなわち} \quad \delta_{\Phi(x)} = \log\left(\mathrm{e}^{x\delta_A}\mathrm{e}^{x\delta_B}\right) \tag{A7.5}$$

こうして，式（A7.4）は，

$$\frac{\mathrm{d}\Phi(x)}{\mathrm{d}x} = \frac{\log\left(\mathrm{e}^{x\delta_A}\mathrm{e}^{x\delta_B}\right)}{\mathrm{e}^{x\delta_A}\mathrm{e}^{x\delta_B}-1}\left(A+\mathrm{e}^{x\delta_A}B\right) \tag{A7.6}$$

と変換される。これを積分して

$$\Phi(x) = \log\left(\mathrm{e}^{xA}\mathrm{e}^{xB}\right) = \int_0^x \frac{\log\left(\mathrm{e}^{t\delta_A}\mathrm{e}^{t\delta_B}\right)}{\mathrm{e}^{t\delta_A}\mathrm{e}^{t\delta_B}-1}\left(A+\mathrm{e}^{t\delta_A}B\right)\mathrm{d}t \tag{A7.7}$$

となる。この表式からも，BCHの主張する定理「$\Phi(x)$ は交換子の線形結合で表される」ことがただちにわかる：

$$\log\left(\mathrm{e}^{xA}\mathrm{e}^{xB}\right) = \sum_{n=1}^{\infty}\frac{1}{n}\int_n^x\left(1-\mathrm{e}^{t\delta_A}\mathrm{e}^{t\delta_B}\right)^{n-1}\left(A+\mathrm{e}^{t\delta_A}B\right)\mathrm{d}t \tag{A7.8}$$

より一般に

$$\mathrm{e}^{\Phi(x)} = \mathrm{e}^{A_1(x)}\mathrm{e}^{A_2(x)}\cdots\mathrm{e}^{A_r(x)} \tag{A7.9}$$

に対しても，

$$\Phi(x) = \sum_{j=1}^r\int_0^x \frac{\log\left(\exp\left(\delta_{A_1(t)}\right)\cdots\exp\left(\delta_{A_r(t)}\right)\right)}{\exp\left(\delta_{A_1(t)}\right)\cdots\exp\left(\delta_{A_r(t)}\right)-1}\times$$

$$\times\exp\left(\delta_{A_1(t)}\right)\cdots\exp\left(\delta_{A_{j-1}(t)}\right)\times\frac{\exp\left(\delta_{A_j(t)}\right)-1}{\delta_{A_j(t)}}\frac{\mathrm{d}A_j(t)}{\mathrm{d}t}\mathrm{d}t \tag{A7.10}$$

が成り立つ。もちろん，$r=2, A_1(x)=xA$ および $A_2(x)=xB$ とおくと，式（A7.7）に帰着する。

補遺8　高次の量子微分の導出

　量子微分の定義にもいろいろあるが[5]，式(5.18)を定義式にして，式(5.17)の積分の表式を導出できる。すなわち，まず1次量子微分については，

$$\mathrm{d}f(A) = \frac{\mathrm{d}f(A)}{\mathrm{d}A} \cdot \mathrm{d}A \tag{A8.1}$$

とおいて，全微分$\mathrm{d}f(A)$を用いて$\mathrm{d}f(A)/\mathrm{d}A$を定義する。恒等式$Af(A) = f(A)A$の全微分をとると，

$$\mathrm{d}A \cdot f(A) + A\mathrm{d}f(A) = \mathrm{d}f(A) \cdot A + f(A)\mathrm{d}A \tag{A8.2}$$

となる。これを内部微分δ_A，$\delta_{f(A)}$を用いて書き直すと次式が得られる：

$$\delta_A \mathrm{d}f(A) = \delta_{f(A)}\mathrm{d}A \quad \therefore \quad \mathrm{d}f(A) = \frac{\delta_{f(A)}}{\delta_A}\mathrm{d}A \tag{A8.3}$$

ゆえに，式(6.1)の定義より，1次の量子微分が導出できる：

$$\frac{\mathrm{d}f(A)}{\mathrm{d}A} = \frac{\delta_{f(A)}}{\delta_A} = \frac{f(A) - f(A - \delta_A)}{\delta_A} = \int_0^1 f^{(1)}(A - t\delta_A)\mathrm{d}t \tag{A8.4}$$

ここで，式(A6.8)，すなわち，$\delta_{A^n} = A^n - (A - \delta_A)^n$よりただちに導出できる公式

$$\delta_{f(A)} = f(A) - f(A - \delta_A) \tag{A8.5}$$

を用いた。同様にして，(A8.2)の微分をとると，($\mathrm{d}^2A = 0$であるから，)

$$\delta_A \mathrm{d}^2 f = 2\delta_{\mathrm{d}f(A)}\mathrm{d}A, \quad \text{すなわち} \quad \mathrm{d}^2 f = 2\delta_A^{-1}\delta_{\mathrm{d}f(A)}\mathrm{d}A \tag{A8.6}$$

が得られる。ゆえに，超演算子$\{\delta_j\}$の定義式(5.19)よりAと$\{\delta_j\}$は互いに可換であるから，これらはふつうの数(c数)のように扱うことができ，

$$d^2 f \equiv \frac{d^2 f(A)}{dA^2}(dA)^2 = 2\delta_A^{-1}\big(df(A)\cdot dA - dAdf(A)\big)$$

$$= 2\delta_A^{-1}\left\{\left(\frac{\delta_{f(A)}}{\delta_A}dA\right)\cdot dA - dA\left(\frac{\delta_{f(A)}}{\delta_A}dA\right)\right\}$$

$$= 2\delta_A^{-1}\left\{\frac{f(A)-f(A-\delta_1)}{\delta_1}(\cdot dA)^2 - dA\frac{f(A)-f(A-\delta_2)}{\delta_2}dA\right\}$$

$$= 2\delta_A^{-1}\left\{\frac{f(A)-f(A-\delta_1)}{\delta_1} - \frac{f(A-\delta_1)-f(A-\delta_1-\delta_2)}{\delta_2}\right\}(dA)^2$$

$$= 2\left\{\frac{f(A)-f(A-\delta_1)}{\delta_1(\delta_1+\delta_2)} - \frac{f(A-\delta_1)-f(A-\delta_1-\delta_2)}{\delta_2(\delta_1+\delta_2)}\right\}(dA)^2$$

$$= 2\left\{\frac{f(A)-f(A-\delta_1)}{\delta_1\delta_2} - \frac{f(A)-f(A-(\delta_1+\delta_2))}{(\delta_1+\delta_2)\delta_2}\right\}(dA)^2 \tag{A8.7}$$

ここで，

$$\delta_A(dA)^n = \big((\delta_A dA)(dA)^{n-1} + (dA)(\delta_A dA)(dA)^{n-2} + \cdots + (dA)^{n-1}(\delta_A dA)\big)$$

$$= (\delta_1 + \delta_2 + \cdots + \delta_n)(dA)^n \tag{A8.8}$$

を用いた。

$$\frac{d^2 f(A)}{dA^2} = 2\left\{\frac{f(A)-f(A-\delta_1)}{\delta_1\delta_2} - \frac{f(A)-f(A-(\delta_1+\delta_2))}{(\delta_1+\delta_2)\delta_2}\right\}$$

$$= 2\int_0^1 dt_1 \int_0^{t_1} dt_2 f^{(2)}(A - t_1\delta_1 - t_2\delta_2) \tag{A8.9}$$

が導出できる。同様にして，

$$\delta_A d^n f(A) = n\delta_{d^{n-1}f(A)}\cdot dA \tag{A8.10}$$

が導出できる。こうして，n 次量子微分の積分表式（5.17）が漸化的に証明される。よりくわしくは，式（A8.10）をくり返し用いて，

$$d^n f(A) = n! \left(-\delta_A^{-1} \delta_{dA}\right)^n f(A) \tag{A8.11}$$

すなわち，

$$\left(\delta_1 + \delta_2 + \cdots + \delta_n\right) \frac{d^n f(A)}{dA^n} (dA)^n = n \left[\frac{d^{n-1} f(A)}{dA^{n-1}} (dA)^{n-1}, dA\right] \tag{A8.12}$$

となる。よって，$d^n f(A)/dA^n \equiv f_n(A, \delta_1, \delta_2, \cdots, \delta_n)$ とおくと，$A, \delta_1, \delta_2, \cdots, \delta_n$ 超演算子 $\delta_1, \delta_2, \cdots, \delta_n, A$（左から A をかける超演算子とみなす）は互いに可換であるから，

$$\begin{aligned}
&\left(\delta_1 + \delta_2 + \cdots + \delta_n\right) f_n(A, \delta_1, \delta_2, \cdots, \delta_n) \\
&= n \left\{ f_{n-1}(A, \delta_1, \delta_2, \cdots, \delta_{n-1}) - f_{n-1}(A - \delta_1, \delta_2, \cdots, \delta_n) \right\}
\end{aligned} \tag{A8.13}$$

という漸化式が得られ，この漸化式より，式（5.17）が導出できる。

補遺9　交換子 $[f(A), g(B)]$ の公式（5.24）の応用例

任意の関数 $f(A)$ と $g(B)$ に対する交換子の公式

$$\left[f(A), g(B)\right] = \frac{df(A)}{dA} \frac{dg(B)}{dB} [A, B] \tag{A9.1}$$

の1つの応用例として，交換子 $[A, B]$ が演算子 A, B の両方と可換な場合には，量子微分 $df(A)/dA$ と $dg(B)/dB$ をよりあらわに計算することができる。まず，δ_B と B は可換であり，また条件より $\delta_B[A, B] = 0$ であるから，（A9.1）の右辺は，次のように変換される：

$$\left[f(A), g(B)\right] = \frac{\mathrm{d}f(A)}{\mathrm{d}A} \int_0^1 \mathrm{d}\lambda\, g^{(1)}\left(B - \lambda\delta_B\right)\left[A, B\right]$$

$$= \frac{\mathrm{d}f(A)}{\mathrm{d}A}\left(g^{(1)}(B)\left[A, B\right]\right)$$

$$= \left[A, B\right] \int_0^1 \mathrm{d}\lambda\, f^{(1)}\left(A - \lambda\delta_A\right) g^{(1)}(B)$$

$$= \left[A, B\right] \int_0^1 \mathrm{d}\lambda \sum_{n=0}^{\infty} \frac{(-\lambda)^n}{n!} f^{(n+1)}(A)\delta_A^n g^{(1)}(B) \qquad \text{(A9.2)}$$

ここで，式(5.28)と等価な式

$$\left[A, g(B)\right] = \frac{\mathrm{d}g(B)}{\mathrm{d}B}\left[A, B\right]$$

$$= \int_0^1 g^{(1)}\left(B - \lambda\delta_B\right)\left[A, B\right]\mathrm{d}\lambda \qquad \text{(A9.3)}$$

を条件 $\delta_B[A, B] = 0$ のもとで n 回用いると，

$$\delta_A^n g(B) = \delta_A^{n-1}\left[A, g(B)\right] = \delta_A^{n-1} g^{(1)}(B) = g^{(n)}(B)\left(\left[A, B\right]\right)^n \qquad \text{(A9.4)}$$

となる。よって，式(A9.2)は，同じ条件のもとで，さらに簡素化され，

$$\left[f(A), g(B)\right] = \sum_{n=0}^{\infty} \frac{(-1)^n}{(n+1)!} f^{(n+1)}(A) g^{(n+1)}(B)\left(\left[A, B\right]\right)^{n+1}$$

$$= -\sum_{n=1}^{\infty} \frac{1}{n!}\left(-\left[A, B\right]\right)^n f^{(n)}(A) g^{(n)}(B) \qquad \text{(A9.5)}$$

となる。とくに，$f(q) = \mathrm{e}^{xq}$，$g(p) = \mathrm{e}^{yp}$ のときは，$[q, p] = \mathrm{i}\hbar$ の条件のもとで式(5.27)が成り立つ。

92   第5章　量子解析と経路積分（経路和）

参考文献

1) 鈴木増雄：「変分原理と物理学」，パリティ 2012 年 4 月号 48 ページより連載.

2) 鈴木増雄：『統計力学』（現代物理学叢書），岩波書店（2000）岩波オンデマンドブックス（2016 年 1 月）.

3) 大貫義郎，鈴木増雄，柏太郎：『経路積分の方法』（現代物理学叢書），岩波書店（2012 年 6 月再版）の第 6 章「代数的一般化」参照.

4) M. Suzuki, ed：*Quantum Monte Carlo Methods in Equilibrium and Nonequilibrium Sysytems*, Springer-Verlag（1987）.

5) M. Suzuki：Commun. Math. Phys. **183**, 339（1997）. この論文で「Quantum Analysis」（量子解析）という用語を初めて導入し，その一般論を展開した. とくに，量子テイラー展開の一般公式は，物理や量子情報のさまざまな分野で使われ始めている。この論文の δ_j の定義式（4.3）は誤りで，本文の式（5.19）のように訂正する.

6) R. P. ファインマン，A. R. ヒッブス著，北原和夫訳：『ファインマン経路積分と量子力学』，マグロウヒル（1990）.

7) 藤井一幸，鈴木達夫，浅田明，待田芳徳，岩井敏洋：『数理の玉手箱』，発行 遊星社　発売 星雲社（2010）.

8) M. Suzuki：J. Math. Phys. **38**（2），1183（1997）.

9) M. Suzuki：Prog. Theor. Phys. **56**, 1454（1976）.

10) B. K. Chakrabarti, A. Dutta and P. Sen：*Quantum Ising Phases and Transitions in Transverse Ising Model*, Springer（1996）.

11) M. Suzuki：Phys. Lett. **A146**, 319（1990）, *ibid* **A165**, 387（1992）.

12) M. Suzuki：J. Math. Phys. **32**, 400（1991）.

13) M. Suzuki：Proc. Jpn. Acad. **69**, Ser. B, 161（1993）.

14) 鈴木増雄：『活力を与える『物理』』，オーム社（2007）.

15) 河原林研：『量子力学』（岩波講座　現代物理学），岩波書店（1993）.

16) 鈴木増雄：パリティ 2010 年 8 月号 58 ページ.

17) 仲滋文：『数理科学』特集：面白い発想，No.588，6 月号，サイエンス社（2012）.

第6章

ファインマンの経路積分

前章で，ファインマンがディラックのアイデアをもとにして，直観的に古典系のラグランジアン $\mathcal{L}(x(t), \dot{x}(t), t)$ を用いた経路積分

$$Z_{\text{ini, fin}} = \int_{\text{ini}(x_a, t_a)}^{\text{fin}(x_b, t_b)} \exp\left(\frac{\mathrm{i}}{\hbar} \int \mathcal{L}\left(x(t), \dot{x}(t), t\right) \mathrm{d}t\right) \times D\big[x(t)\big] \tag{6.1}$$

により，量子系のふるまい（遷移振幅）が記述できることを発見したことにふれた。この発見は，概念的にも方法論的にも量子力学やその関連分野の発展に大きなインパクトを与えた[2)～7)]。

概念的には，この方法では，古典力学と量子力学との対応がたいへんわかりやすく，古典軌道のまわりの経路のゆらぎとして量子効果がとらえられる。素粒子の理論における量子異常の問題[8)]やウィルソン（K. G. Wilson）の提唱した格子ゲージ理論[9)]でも経路積分の方法が基本的な役割を果たしている。その基礎づけ（収束性）を目指して数理物理学も発展しつつある[7)]。確率過程の定式化にも大きな影響を与えた[10)]。

ファインマンがディラックの論文を読んでどのように経路積分を思いついたか[6)]は別にして，式 (6.1) の表式がきわめて物理的なものであることは容易に納得できる。まず，始状態の変数 a と終状態の変数 b を明示するため，$Z_{\text{ini, fin}}$ の代わりに，比例定数を別にして，確率振幅 (6.1) を $K(b, a)$ と書くと，中間状態 c に対して

$$K(b,a) = \int K(b,c)\,K(c,a)\mathrm{d}x_c \tag{6.2}$$

が成り立っている。これが式 (6.1) に指数関数の現れる理由である。その引き数は無次元でなければならないから，プランク定数 $\hbar$ で割り算する必要がある。これで，虚数 i の導入で位相の形になっていることと相まって，$\hbar \to 0$ の極限で古典軌道のみが寄与することも保障される。

6.1 ファインマンの経路積分からシュレーディンガー方程式を求める

さらに，経路積分表式 (6.1) の妥当性を明瞭に示すには，$t_b \equiv t$ に対して $K(b,a)$ を積分核とする波動関数 $\psi(x,t)$

$$\psi(x,t) = \int_{-\infty}^{\infty} K(x,t\,;\,x_a,t_a)\,\psi(x_a,t_a)\,\mathrm{d}x_a \tag{6.3}$$

がシュレーディンガー方程式

$$i\hbar\frac{\partial}{\partial t}\psi(t) = \mathcal{H}\psi(t) \tag{6.4}$$

を満たすことを示せばよい。ただし，$\mathcal{H}$ は系のハミルトニアン

$$\mathcal{H} = -\frac{1}{2m}\nabla^2 + V(\boldsymbol{r}) \tag{6.5}$$

である。ここでは簡単のために，1次元で考えることにすると，その変数を x として，ハミルトニアン $\mathcal{H}$ は

$$\mathcal{H} = -\frac{1}{2m}\frac{\mathrm{d}^2}{\mathrm{d}x^2} + V(x) \tag{6.6}$$

と書ける。ただし，$V(x)$ は系のポテンシャルを表す。前にも説明したとおり，

ラグラジアン $\mathcal{L}$ とハミルトニアン $\mathcal{H}$ とは，古典的な系では

$$\mathcal{L} = p\dot{x} - \mathcal{H} = \frac{1}{2m}p^2 - V(x) \tag{6.7}$$

の関係にある。ただし，$p = m\dot{x}$ である。

さて，短い時間間隔 ε に対して，波動関数の変化を調べ，その満たす微分方程式 (6.4) を導くことにする[2)]。式 (6.1) の時間積分は $\mathcal{L}$ の ε 倍におき換えて近似できるので，$x_a = y$ という記号を用いると，$t_b = t$，$t_a = t - \varepsilon$ とおいて，

$$\begin{aligned}\psi(x, t) &= \int_{-\infty}^{\infty} dy \frac{1}{A} \exp\left[\varepsilon \frac{i}{\hbar} \mathcal{L}\left(\frac{x+y}{2}, \frac{x-y}{\varepsilon}\right)\right] \times \psi(y, t-\varepsilon) \\ &= \int_{-\infty}^{\infty} dy \frac{1}{A}\left\{\exp\left[\frac{i}{\hbar}\frac{m(x-y)^2}{2\varepsilon}\right]\right\} \times \left\{\exp\left[-\frac{i\varepsilon}{\hbar}V\left(\frac{x+y}{2}\right)\right]\right\}\psi(y, t-\varepsilon)\end{aligned} \tag{6.8}$$

ここで，y の積分を実行するために，$y = x + \eta$ とおいて，上式を η の積分に変更する。すなわち，

$$\psi(x, t) = \int_{-\infty}^{\infty} d\eta \frac{1}{A} e^{im\eta^2/(2\hbar\varepsilon)} e^{-(i\varepsilon/\hbar)V(x+\eta/2)} \times \psi(x+\eta, t-\varepsilon) \tag{6.9}$$

と書ける。上式の積分核の第1項 $\exp[im\eta^2/(2\hbar\varepsilon)]$ は，その位相が η とともに大きくなり，η の大きいところでは激しく振動し，式 (6.9) の積分は無視できるようになる。したがって，η は $(\varepsilon\hbar/m)^{1/2}$ と同じオーダーのところまで考慮すればよいことになる。したがって，式 (6.9) を η と ε で展開して両辺を比較するさいに，η に関しては η^2 のオーダーまでとり，$\varepsilon (\sim \eta^2)$ に関しては ε のオーダーまでとればよいことになる。こうして，

$$\psi(x, t) = \int_{-\infty}^{\infty} d\eta \frac{1}{A} e^{im\eta^2/(2\hbar\varepsilon)}\left(\psi(x, t) - \varepsilon \frac{\partial\psi}{\partial t} - \frac{i\varepsilon}{\hbar}V(x)\psi(x, t) + \eta \frac{\partial\psi}{\partial x} + \frac{1}{2}\eta^2 \frac{\partial^2\psi}{\partial x^2}\right) \tag{6.10}$$

96   第6章　ファインマンの経路積分

が得られる。両辺の $\psi(x,t)$ の係数を等置して，

$$1 = \frac{1}{A}\int_{-\infty}^{\infty}\mathrm{d}\eta\, e^{\mathrm{i}m\eta^2/(2\hbar\varepsilon)} = \frac{1}{A}\left(\frac{2\pi\mathrm{i}\hbar\varepsilon}{m}\right)^{1/2} \tag{6.11}$$

より，規格化定数 A が決まる。さらに，

$$\int_{-\infty}^{\infty}\mathrm{d}\eta\, e^{\mathrm{i}m\eta^2/(2\hbar\varepsilon)}\eta = 0 \qquad \text{および} \qquad \int_{-\infty}^{\infty}\mathrm{d}\eta\,\frac{\eta^2}{A}e^{\mathrm{i}m\eta^2/(2\hbar\varepsilon)} = \frac{\mathrm{i}\hbar\varepsilon}{m} \tag{6.12}$$

の公式を用いて，式 (6.10) の両辺の ε のオーダーの項を等置してシュレーディンガー方程式

$$\mathrm{i}\hbar\frac{\partial}{\partial t}\psi(x,t) = -\frac{\hbar^2}{2m}\frac{\partial^2}{\partial x^2}\psi(x,t) + V(x)\psi(x,t) \tag{6.13}$$

すなわち，式 (6.4) に到達する。こうして，ファインマンの経路積分の方法は量子化の正しい手順を与えることがわかった。ここの数式変形は必ずしも数学的には厳密ではない。ポテンシャル $V(x)$ が x に関して十分滑らかな性質のよい関数であると仮定した。どのような条件のもとに数学的に厳密な証明になるかについては文献7を参照してほしい。

6.2　シュレーディンガー方程式から経路積分表式を求める

　ここでは，通常の教科書でよく説明される方式について解説する。すなわち，上の議論とは逆に，シュレーディンガー方程式 (6.4) から，経路積分の表式 (6.8) を導く。

　前章で説明した量子解析の方法を用いるとわかりやすいので，式 (6.4) をヒルベルト空間の状態ベクトルとそれに作用する演算子で表す。前者を $|\psi(t)\rangle$ とし，ハミルトニアン $\mathcal{H}$ を

$$\mathcal{H} = \frac{1}{2m}\hat{p}^2 + V(\hat{x}) \tag{6.14}$$

と書く[1]~[7]。ただし，$\hat{p}$ は運動量演算子を表し，固有値 p をとる固有状態を $|p\rangle$ と書くと，$\hat{p}|p\rangle = p|p\rangle$ である。また，$\hat{x}$ は座標を表す演算子で，固有値 x をとる固有状態を $|x\rangle$ と書くと，$\hat{x}|x\rangle = x|x\rangle$ である。運動量演算子 $\hat{p}$ は空間座標 x の並進を生成するものとして定義すると，$\hat{p} \to -i\hbar\partial/\partial x$ の対応が成り立つことが容易にわかる。すなわち，

$$e^{(ia\hat{p}/\hbar)}|x\rangle = |x+a\rangle \tag{6.15}$$

となるものとして定義される（通常は，$a = \Delta x$ として無限小並進で考える）。

状態ベクトルの間の関係としてまとめると，

$$|\psi(t)\rangle = \int \psi(x,t)|x\rangle dx\,; \qquad \psi(x,t) = \langle x|\psi(t)\rangle$$

および

$$\hat{p}|\psi(t)\rangle = \int \left(-i\hbar\frac{\partial\psi(x,t)}{\partial x} \right)|x\rangle dx \tag{6.16}$$

となる。この表示では，後で必要になる内積 $\langle x|p\rangle$ は，

$$\langle x|p\rangle = \left(\frac{1}{2a\hbar}\right)^{1/2} e^{ixp/\hbar} \tag{6.17}$$

と与えられることが，次のようにしてわかる。すなわち，直交規格化の条件より，$\langle x'|x\rangle = \delta(x'-x)$ および

$$\int |x\rangle\langle x|\,dx = 1, \qquad \langle p| = \int |x\rangle\langle x|p\rangle dx \tag{6.18}$$

となり，これより，

98 　第6章　ファインマンの経路積分

$$p\langle x|p\rangle = \langle x|\hat{p}|p\rangle = \langle x|\hat{p}|x\rangle\langle x|p\rangle$$
$$= -i\hbar\frac{\partial}{\partial x}\langle x|p\rangle \tag{6.19}$$

という$\langle x|p\rangle$に関する1階の微分方程式が得られる。この規格化された解として，式(6.17)が導出される。

　さて，この表示では，シュレーディンガー方程式(6.4)は式(6.14)のハミルトニアン$\mathcal{H}$を用いて

$$i\hbar\frac{\partial}{\partial t}|\psi(t)\rangle = \mathcal{H}|\psi(t)\rangle \tag{6.20}$$

と表される。この形式解は，

$$|\psi(t)\rangle = U(t,t_0)|\psi(t_0)\rangle \tag{6.21}$$

と与えられる。ただし，

$$i\hbar\frac{\partial}{\partial t}U(t,t_0) = \mathcal{H}U(t,t_0); \qquad U(t_0,t_0) = \mathbf{1} \tag{6.22}$$

すなわち，

$$U(t,t_0) = \exp\left(\frac{t-t_0}{i\hbar}\mathcal{H}\right) \tag{6.23}$$

そこで，時間間隔$(t-t_0)$を〈図6.1〉のようにn等分に分割する。

　この時間分割に対応して，前章の量子解析の説明でふれた2つの非可換な演算子A, Bに関するトロッターの公式

$$e^{A+B} = \lim_{n\to\infty}\left(e^{(1/n)A}\,e^{(1/n)B}\right)^n \tag{6.24}$$

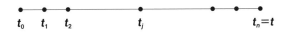

〈図6.1〉時間の分割とトロッター分解
ただし, $t_j = t_0 + j\Delta t$, $\Delta t = (t_n - t_0)/n$ である。

を利用する。(この公式の証明は, 補遺10に示すように, A と B が有界な演算子の場合には簡単であるが[3], 以下で扱われるような非有界な演算子 A, B に対してはきわめて難しい問題である[11]。) ここでは, A と B は

$$A = \left(\frac{t - t_0}{i\hbar}\right)\frac{\hat{p}^2}{2m}, \qquad B = \left(\frac{t - t_0}{i\hbar}\right)V(\hat{x}) \tag{6.25}$$

を表す。この指数積分解を用いると, 時間発展演算子 $U(t, t_0)$ は次のように書ける:

$$U(t, t_0) = \lim_{n \to \infty} U_n U_n \cdots U_n; \qquad U_n = e^{(1/n)A} e^{(1/n)B} \tag{6.26}$$

上式右辺の両側と中間に単位演算子

$$\mathbf{1} = \int |x_j\rangle\langle x_j| \, dx_j \qquad (j = 0, 1, 2, \cdots, n) \tag{6.27}$$

を挿入して, 式(6.26)を書き直すと,

$$U(t, t_0) = \lim_{n \to \infty} \int dx_n \int dx_{n-1} \cdots \int dx_0 |x_n\rangle K(x_n, x_{n-1}) K(x_{n-1}, x_{n-2}) \cdots K(x_1, x_0)\langle x_0| \tag{6.28}$$

と表せる。ただし, ファインマン核 $K(x, y)$ は, $1/n = \varepsilon$ がきわめて小さい ($\varepsilon \to 0$) とき,

$$K(x, y) = \langle x | e^{(1/n)A} e^{(1/n)B} | y \rangle$$
$$= \langle x | \left(1 + \frac{A}{n} + \frac{B}{n}\right) | y \rangle = \langle x | \left(1 + \frac{A}{n}\right)\left(1 + \frac{B}{n}\right) | y \rangle \tag{6.29}$$

と近似できる。式 (6.17)，(6.19)，および (6.25) より，

$$\langle x | \left(1 + \frac{A}{n}\right) | y \rangle = \int \langle x | \left(1 + \frac{A}{n}\right) | p \rangle \langle p | y \rangle \mathrm{d}p$$
$$= \int \langle x | p \rangle \langle p | y \rangle \mathrm{d}p \left(1 + \frac{\Delta t}{\mathrm{i}\hbar} \frac{p^2}{2m}\right)$$
$$= \int \exp \left\{ \frac{\mathrm{i}}{\hbar} \left[p(x - y) - \Delta t \cdot \frac{p^2}{2m} \right] \right\} \mathrm{d}p \tag{6.30}$$

が得られる。ただし，$\Delta t = (t - t_0)/n$ である。また，x 表示では B は対角成分のみで表されるので，$x - y$ が小さい極限では，

$$\langle x | \frac{B}{n} | y \rangle = \left\langle \frac{x + y}{2} \left| \frac{B}{n} \right| \frac{x + y}{2} \right\rangle = -\frac{\mathrm{i}}{\hbar} \Delta t \; V\left(\frac{x + y}{2}\right) \tag{6.31}$$

と近似できる。こうして，2 つの項をまとめると，次ページに詳しく述べるとおり，

$$K(x, y) = \int \frac{\mathrm{d}p}{2\pi\hbar} \exp \left\{ \frac{\mathrm{i}}{\hbar} \left[p(x - y) - \Delta t \left(\frac{p^2}{2m} + V\left(\frac{x + y}{2}\right) \right) \right] \right\}$$
$$\cong \int \frac{\mathrm{d}p}{2\pi\hbar} \exp \left[\frac{\mathrm{i}}{\hbar} \Delta t \left(\frac{p^2}{2m} - V(x) \right) \right]$$
$$= \int \frac{\mathrm{d}p}{2\pi\hbar} \exp \left[\frac{\mathrm{i}}{\hbar} \Delta t \; \mathcal{L}(x, \dot{x}) \right] \tag{6.32}$$

となり，ラグランジアンを用いた経路積分によって時間発展すなわち $|\psi(t)\rangle$ が記述できることがわかる。上の計算で指数の肩の中の $p(x - y)$ の項はルジャンドル変換に相当する[5]。すなわち

$$p(x-y) = p\left(\frac{x-y}{\Delta t}\right)\Delta t$$

$$\cong p\dot{x}\,\Delta t = \frac{p^2}{m}\Delta t \tag{6.33}$$

となるので，ハミルトニアンから由来する $-\left(p^2/2m\right)\Delta t$ と足し合わせると，$\left(p^2/2m\right)\Delta t$ となり，$V(x)\Delta t$ と逆符号になり，ラグランジアンの時間積分の形になるのである。

前に述べたとおり，上の説明は数学的には厳密性に欠ける[7]が，大筋を理解するには十分であろう。

6.3　ファイマンの経路積分の真髄

はじめにも述べたとおり，ファインマンの経路積分の真髄は，相互作用などが古典的には導入しやすい系に対して，それを記述する量子的ハミルトニアンやラグランジアンがつくりにくい場合でも経路積分にすることで量子的記述（とり扱い）が可能になることである[*1]。格子ゲージ理論などはそのよい例である[9]。格子にすることにより，連続場の発散の問題も防ぐことができる。この意味で，ふつうの本でよく解説される方法（ハミルトニアンから経路積分を導く方法）よりも先に，直観的に経路積分をファインマンに従って導入し[4]，それを用いてシュレーディンガー方程式を導く説明をていねいに行った。

次節以降に，ファインマンの経路積分のさまざまなとり扱い方と物理への応用について説明する。

6.4　自由粒子の経路積分

前章で説明した経路和は離散変数に関する和をとることであるから[1]，わか

[*1]　それに対して，前章で説明したST変換は，量子系の状態和を古典系の状態和で表す変換である（量子系のすべての性質が古典系で表現されるのではない）。

りやすいと思われるが，本章の前半で[1]説明したファインマンの経路積分は連続変数の関数を変数とする積分，すなわち汎関数積分であり，少しわかりにくいと思われるので，ここでは，簡単な例でその計算法を説明する。その後で物理的応用例のいくつかと結果のみ紹介し，経路積分法の有効性を説明する。

最初に，質量mの自由粒子について，時刻tにおける粒子の座標を$x(t)$として，その経路積分

$$Z_{\text{ini, fin}} = \int_{\text{ini}(x_0, t_0)}^{\text{fin}(x, t)} \exp\left(\frac{\text{i}m}{2\hbar} \int_{t_0}^{t} \dot{x}^2(t')\text{d}t'\right) \times D\left[x(t')\right] \tag{6.34}$$

の計算法について議論する。6.2節で経路積分の定義で利用したように[1]，時間間隔$t - t_0$をn等分し，時刻$t_j = t_0 + j\Delta t$における$x(t)$の値，$x_j = x(t_j)$に関する積分を考え，$j = 1, 2, \cdots, n - 1$まで，各変数x_jに関して$-\infty$から$+\infty$まで積分し，その後で$n \to \infty$の極限をとる。すなわち，

$$\dot{x}^2(t_j)\text{d}t = \frac{1}{2}\left(\left(x_j - x_{j-1}\right)^2 + \left(x_{j+1} - x_j\right)^2\right)\Big/(\Delta t)$$

および$k = -\text{i}m/(2\hbar)$とおいて，

$$Z_{\text{ini, fin}} = \lim_{n \to \infty} \frac{1}{A^n} \int_{-\infty}^{\infty} \text{d}x_1 \int_{-\infty}^{\infty} \text{d}x_2 \cdots \int_{-\infty}^{\infty} \text{d}x_{n-1} \exp\left[-k\sum_{j=1}^{n-1}\left(\frac{\left(x_j - x_{j-1}\right)^2}{\Delta t} + \frac{\left(x_j - x_{j+1}\right)^2}{\Delta t}\right)\right] \tag{6.35}$$

を計算すればよい（ただし，Aは6.1節で導入した規格化定数で，$A = (2\pi\text{i}\hbar\Delta t/m)^{1/2}$で与えられる）。ここで，積分公式

$$\int_{-\infty}^{\infty} \exp\left[-k\left(\frac{(x-a)^2}{\varepsilon_1} + \frac{(x-b)^2}{\varepsilon_2}\right)\right]\text{d}x = \left(\frac{\pi\varepsilon_1\varepsilon_2}{k(\varepsilon_1 + \varepsilon_2)}\right)^{1/2} \exp\left[-k\frac{(b-a)^2}{\varepsilon_1 + \varepsilon_2}\right] \tag{6.36}$$

を$(n-1)$回用いると，容易に

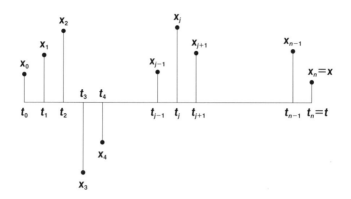

〈図6.2〉自由粒子の経路積分を表す時間分割 $\{t_j\}$ とそれに対応する $x(t)$ の値 $x_j = x(t_j)$ の例

微小時間 $\Delta t = (t - t_0)/n$ を用いると, $t_j = t_0 + j\Delta t$ である. 経路積分はすべての x_j について $x_j = -\infty$ から $x_j = \infty$ までの多重積分で表される.

$$Z_{\text{ini, fin}} = \lim_{n \to \infty} \frac{1}{A} \left(\frac{1}{n-1} \right)^{1/2} \exp\left(\frac{im(x-x_0)^2}{2\hbar(n-1)\Delta t} \right)$$

$$= \left(\frac{m}{2\pi i\hbar(t-t_0)} \right)^{1/2} \exp\left(\frac{im(x-x_0)^2}{2\hbar(t-t_0)} \right) \tag{6.37}$$

と求まる[2]. 要するに, ガウス関数の重ね合わせ (convolution) は, 再びガウス関数になるから, 自由粒子の確率振幅, すなわち (初期条件 $\psi(x_0, t_0) = \delta(t - t_0)\delta(x - x_0)$ に対する) 波動関数 $\psi(x, t)$ は式 (6.37) で与えられる.

これは, シュレーディンガー方程式

$$i\hbar \frac{\partial}{\partial t} \psi(x, t) = -\frac{\hbar^2}{2m} \frac{\partial^2}{\partial x^2} \psi(x, t) \tag{6.38}$$

104   第6章　ファインマンの経路積分

を上の初期条件で解くことによっても与えられることは容易に確かめられる。
また，第2章で，拡散方程式

$$\frac{\partial}{\partial t} n(x,t) = D\frac{\partial^2}{\partial x^2} n(x,t) \tag{6.39}$$

の解が積分形

$$n(x,t) = e^{tD\partial^2/\partial x^2} n(x,t_0) = \frac{1}{\sqrt{4\pi Dt}} \int_{-\infty}^{\infty} \exp\left(-\frac{(x-y)^2}{4Dt}\right) \times n(y,t_0) \tag{6.40}$$

で与えられることを説明したが[1]，自由粒子の波動方程式は虚数時間の拡散方
程式に対応していることからも，式(6.40)を用いて式(6.37)が確かめられる。

　第8章の統計力学のところでくわしく議論する予定であるが，経路積分の形
式を用いると，量子力学と統計力学との類似性が際立ってみえてくる。すなわ
ち，統計力学では拡散現象でみられるように，粒子密度のような直接観測にか
かる物理量がゆらいでいるが，量子力学では干渉効果などに現れる位相がゆら
いでいる。

　前者のゆらぎは熱的なゆらぎであるが，後者のゆらぎは物質の存在そのもの
に関する本質的なゆらぎである。したがって，熱的なゆらぎが小さくなる低温
になるほど（とくに絶対零度では），量子的ゆらぎ，すなわち量子効果が顕著
になる。ボース-アインシュタイン凝縮[10]や超伝導現象などはその典型的な例
である。

6.5　調和振動子の経路積分とフーリエ級数による評価

　自然界には周期的な現象が非常に多い。それらを記述するさいに基本的な役
割を果たすものが調和振動子である。そのハミルトニアン$\mathcal{H}$は，1次元系の場
合には

$$\mathcal{H} = \frac{1}{2}m\dot{x}^2(t) + \frac{1}{2}m\omega^2 x^2(t) \tag{6.41}$$

で与えられる。その確率振幅

$$Z_{\text{ini, fin}} \equiv K(x, t; x_0, 0)$$
$$= \int_{\text{ini}}^{\text{fin}} \exp\left[\frac{\mathrm{i}m}{2\hbar} \int_0^t \left(\dot{x}^2(t') - \omega^2 x^2(t')\right) \mathrm{d}t'\right] D[x(t')] \tag{6.42}$$

は，変分原理を用いて，位相の関数（作用）$S_{\text{cl}}(x, t; x_0, 0)$ と実数関数の振幅 $F(t)$ の2つの積に分離できる。すなわち，それは変分の解である古典軌道 $x_{\text{cl}}(t')$ とそれからのずれ $y(t')$ を用いて，式 (6.42) で $x(t') = x_{\text{cl}}(t') + y(t')$ とおき，変分の条件より，$y(t')$ の1次はゼロになるから，次のように2つの積に分離できる：

$$K(x, t; x_0, 0) = F(t) \exp\left[\frac{\mathrm{i}}{\hbar} S_{\text{cl}}(x, t; x_0, 0)\right] \tag{6.43}$$

ただし，$S_{\text{cl}}(x, t; x_0, 0)$ は，調和振動子の微分方程式 $\ddot{x}(t') + \omega^2 x(t') = 0$ の境界条件 $x(0) = x_0$, $x(t) = x$ に対する古典解 $x_{\text{cl}}(t')$ を用いて，

$$S_{\text{cl}}(x, t; x_0, 0) = \frac{m}{2} \int_0^t \left(\dot{x}_{\text{cl}}^2(t') - \omega^2 x_{\text{cl}}^2(t')\right) \mathrm{d}t'$$
$$= \frac{m\omega}{2\sin(\omega t)}\left[\left(x^2 + x_0^2\right)\cos(\omega t) - 2x_0 x\right] \tag{6.44}$$

と与えられる[2]。また，$F(t)$ は

$$F(t) = \int_{\text{ini}}^{\text{fin}} \exp\left[\frac{\mathrm{i}m}{2\hbar} \int_0^t \left(\dot{y}^2(t') - \omega^2 y^2(t')\right) \mathrm{d}t'\right] D[y(t')] \tag{6.45}$$

と与えられる。式 (6.45) の経路積分の経路 $y(t')$ はすべて，$t' = 0$ で $y = 0$ から出て $t' = t$ で $y = 0$ に戻るので，それは時刻 t と ω だけの関数になる。具体的にその関数 $F(t)$ を評価するには，$y(t')$ のこの周期性より，フーリエ級数

$$y(t') = \sum_n a_n \sin\left(\frac{n\pi t'}{t}\right) \tag{6.46}$$

を用いると便利である。すなわち，関数$y(t')$に関する経路積分$D[y(t')]$は$\{a_n\}$に関する$-\infty$から∞までの多重積分になる[2]。少し長い計算の後に[2]，無限乗積の公式

$$\prod_{n=1}^{\infty}\left(1-\frac{x^2}{n^2}\right) = \frac{\sin(\pi x)}{\pi x} \tag{6.47}$$

を用いて，ωによらない，時間tだけの不定因子$C(t)$を除き，

$$F(t) = C(t)\left(\frac{\sin(\omega t)}{\omega t}\right)^{-1/2} \tag{6.48}$$

と求まる。調和振動子は，$\omega \to 0$の極限で自由粒子になるので，この極限では，$F(t)$は式(6.37)の因子$(t_0 = 0)$に帰着しなければならない。よって，

$$C(t) = \left(\frac{m}{2\pi i\hbar t}\right)^{1/2} \tag{6.49}$$

となり，$F(t)$は

$$F(t) = \left(\frac{m\omega}{2\pi i\hbar \sin(\omega t)}\right)^{1/2} \tag{6.50}$$

と求まる。こうして，調和振動子の確率振幅が厳密に求まった。このように，任意の確率振幅が求まると，この系の波動関数$\psi(x,t)$が$\psi(x,0) = \psi_0(x)$から核$K(x,t;x_0,0)$を用いて

$$\psi(x,t) = \int_{-\infty}^{\infty} K(x,t\,;\,y,0)\,\psi_0(y)\mathrm{d}y \tag{6.51}$$

と求まる。ただし，核 $K(x,t\,;\,x_0,t_0)$ は

$$K(x,t,x_0,t_0) = \begin{cases} Z_{\mathrm{ini}(x_0,t_0),\,\mathrm{fin}(x,t)} & ;\ t > t_0 \\ 0 & ;\ t < t_0 \end{cases} \tag{6.52}$$

の関係にある[2]。すなわち，調和振動子のすべての量子力学的情報（ハミルトニアン $\mathcal{H}$ の固有関数や固有値など）が求められる。

6.6 確率振幅とハミルトニアンの固有関数，固有値との関係

ハミルトニアン $\mathcal{H}$ が時間に依存しない場合には，固有方程式

$$\mathcal{H}\psi_n(x) = E_n\phi_n(x) \tag{6.53}$$

の固有関数 $\{\phi_n(x)\}$ と固有値 $\{E_n\}$ を用いて，任意の波動関数 $\psi(x,t)$ は

$$\psi(x,t) = \sum_n c_n \mathrm{e}^{-(\mathrm{i}/\hbar)E_n t}\phi_n(x) \tag{6.54}$$

と表される[2]。これは，$\{\phi_n(x)\}$ の内積 $(\phi_n(x),\,\phi_m(x))$ に関する正規直交性

$$\bigl(\phi_n(x),\phi_m(x)\bigr) \equiv \int_{-\infty}^{\infty}\phi_n^*(x)\,\phi_m(x)\,\mathrm{d}x = \delta_{n,m} \tag{6.55}$$

を用いて変形すると，$\psi_0(y) = \psi(y,0)$ として，$t>0$ に対して

$$\psi(x,t) = \int_{-\infty}^{\infty}\left[\sum_{n=1}^{\infty}\phi_n(x)\,\phi_n^*(y)\,\mathrm{e}^{-(\mathrm{i}/\hbar)E_n t}\right]\times\psi_0(y)\,\mathrm{d}y \tag{6.56}$$

となる。こうして，確率振幅と固有関数，固有値とが関係づけられ，一方から

108　　第6章　ファインマンの経路積分

他方が求められることになる[2]。

たとえば，1次元調和振動子の確率振幅（6.43）を与える表式（6.44）と（6.50）の中に現れる $\sin(\omega t)$ と $\cos(\omega t)$ を公式

$$
\begin{cases}
\mathrm{i}\sin(\omega t)=\dfrac{1}{2}\,\mathrm{e}^{\mathrm{i}\omega t}\left(1-\mathrm{e}^{-2\mathrm{i}\omega t}\right) \\[2mm]
\cos(\omega t)=\dfrac{1}{2}\,\mathrm{e}^{\mathrm{i}\omega t}\left(1+\mathrm{e}^{-2\mathrm{i}\omega t}\right)
\end{cases}
\tag{6.57}
$$

を用いて，$\mathrm{e}^{-\mathrm{i}\omega t}$ の中を級数に展開すると，式（6.50）の指数 1/2 より，全体に $\mathrm{e}^{-\mathrm{i}\omega t/2}$ がかかり，表式（6.56）の形と比較することにより，たいへん面倒な計算にはなるが原理的には，固有値 E_n は

$$
E_n=\hbar\omega\left(n+\frac{1}{2}\right);\qquad n=0,1,2,\cdots
\tag{6.58}
$$

と求まる。同時に，それに対応する固有関数 $\phi_n(x)$ もエルミート多項式 $H_n(x)$ を用いて

$$
\phi_n(x)=\left(2^n n!\right)^{-1/2}\left(\frac{m\omega}{\pi\hbar}\right)^{1/4}\times H_n\!\left(\left(\frac{m\omega}{\hbar}\right)^{1/2}x\right)\times\exp\!\left(-\frac{m\omega x^2}{2\hbar}\right)
\tag{6.59}
$$

と与えられる[2]。ただし，エルミート多項式は，具体的に

$$
\begin{aligned}
H_0(x)&=1 \\
H_1(x)&=2x \\
H_2(x)&=4x^2-2 \\
&\ \ \vdots \\
H_n(x)&=(-1)^n\,\mathrm{e}^{x^2}\frac{\mathrm{d}^n}{\mathrm{d}x^n}\,\mathrm{e}^{-x^2}
\end{aligned}
\tag{6.60}
$$

で定義される。調和振動子では，変分の解である古典的軌道の部分（6.44）から，

波動関数 $\psi(x, t)$ の x 依存性が決まってくることは，注目すべきことである。ただし，零点振動という量子系固有の現象を記述する零点エネルギー $E_0 = (1/2)\hbar\omega$ は，$F(t)$ の量子的表式 (6.50) から出てくる。（ちなみに，この粒子のド・ブロイ波長 λ を固有関数 $\phi_0(x)$ を用いて $\lambda^2 \sim \langle x^2 \rangle \sim (\phi_0(x), x^2\phi_0(x))$ で定義し，運動量の大きさ p を $p^2 \sim \hbar^2(\phi_0(x), \phi_0{}''(x)) \sim (m\omega)^2\langle x^2 \rangle$ で定義し，式 (6.59) を用いて上の2つの内積を計算すると，ド・ブロイの物質波の関係式 $\lambda \simeq \hbar/p$ が容易に確かめられる。）

このように，量子力学のいろいろな情報が経路積分の方法によって与えられることはたいへん興味深いことである。

6.7 強制調和振動子の確率振幅

自由度の多い系は，多数の調和振動子を用いて表されるが，それら振動子の間の相互作用が無視できなくなったり，外力によって影響を受けたりする場合が次の重要な問題となる。その場合に基本となる系は，次のラグランジアン

$$\mathcal{L} = \frac{1}{2}m\dot{x}^2 - \frac{1}{2}m\omega^2 x^2 + f(t)x \tag{6.61}$$

で記述される強制振動子である。ここで，$f(t)$ は時間 t に依存する外力である。前と同様にして，核 $K(x, t; x_0, 0)$ は

$$K(x, t; x_0, 0) = F(t)\exp\left[\frac{\mathrm{i}}{\hbar}\hat{S}_{\mathrm{cl}}(x, t; x_0, 0)\right] \tag{6.62}$$

と与えられる。ここで，$F(t)$ は式 (6.50) であり，$\hat{S}_{\mathrm{cl}}$ は式 (6.44) の $S_{\mathrm{cl}}(x, t; x_0, 0)$ を用いて，

$$\hat{S}_{\mathrm{cl}}(x, t; x_0, 0) = S_{\mathrm{cl}}(x, t; x_0, 0) + \Delta S_{\mathrm{cl}}(x, t; x_0, 0) \tag{6.63}$$

と表される。ただし，ΔS_{cl} は外力の効果を表し，

110　第6章　ファインマンの経路積分

$$
\begin{aligned}
\Delta S_{\mathrm{cl}}&(x,t\,;x_0,0) \\
&=\frac{1}{\sin(\omega t)}\Big[\int_0^t f(t')\big(x\sin(\omega t')+x_0\sin(\omega(t-t'))\big)\mathrm{d}t' \\
&\quad-\frac{1}{m\omega}\int_0^t \mathrm{d}t' f(t')\sin(\omega(t-t'))\times\int_0^{t'} f(s)\sin(\omega s)\mathrm{d}s\Big]
\end{aligned}
\tag{6.64}
$$

と与えられる[2]。（ちなみに，強制調和振動子のラグランジアン (6.61) が $x(t)$，$\dot{x}(t)$，$f(t)$ の2次形式で与えられているので，作用 (6.64) も外力 $f(t)$ の2次式で与えられる。）この表式は，具体的に外力 $f(t)$ が与えられたときに使われる[2]。実際の応用例に関しては，第8章の統計力学の解説を参照してほしい。

とくに，一定外場 $f(t)=f$ で $\omega=0$ の場合には，

$$
\Delta S_{\mathrm{cl}}(x,t\,;x_0,0)=\frac{ft}{2}(x+x_0)-\frac{f^2t^3}{24m}
\tag{6.65}
$$

および

$$
F(t)=\left(\frac{m}{2\pi\mathrm{i}\hbar t}\right)^{1/2}
\tag{6.66}
$$

と簡単になる。もちろん，この表式は，直接，運動方程式

$$
m\ddot{x}(t')=f
\tag{6.67}
$$

の解（境界条件 $x(0)=x_0$，$x(t)=x$ を満たす解）

$$
x(t')=x_0+\left(\frac{x-x_0}{t}-\frac{ft}{2m}\right)t'+\frac{f}{2m}t'^2
\tag{6.68}
$$

を用いて求められる。実際，式 (6.68) を次の作用

$$
S_{\mathrm{cl}}(x,t\,;x_0,0)=\int_0^t\left(\frac{1}{2}m\dot{x}(t')^2+fx(t')\right)\mathrm{d}t'
\tag{6.69}
$$

に代入して式 (6.44) で $\omega = 0$ とおいた $S_{cl}(x, t ; x_0, 0)$ と式 (6.65) との和が得られることを確かめることにより，上の面倒な計算の検算をすることができる。このように，計算の手順をくわしく説明したのは，ファインマンの経路積分の物理的意味とそのとり扱い方の理解を深めるためである。

6.8　経路積分のさまざまな応用[2),3),5),12)]

　量子電気力学の定式化[3)]，結晶中のフォノンの量子論的とり扱い[3)]，ポーラロンの問題[12)]，原子分子の衝突の問題[3)]などさまざまな応用がある。一例として，化学反応の量子論的とり扱いについて考えてみる[3)]。A，B，C を原子または分子として，次のような化学反応

$$A + BC \longrightarrow AB + C \tag{6.70}$$

を考えるとしよう。この反応を記述するハミルトニアンを $\mathcal{H}$ とすれば，この化学反応の問題は次の確率振幅（すなわち，行列要素）

$$Z(AB, C ; A, BC) = \left\langle AB, C \left| \exp\left(-\frac{it}{\hbar}\mathcal{H}\right) \right| A, BC \right\rangle \tag{6.71}$$

を，十分大きな時間 t に対して，求める問題に帰着する。これは，経路積分で表される。第 1 近似としては，変分解である古典的な軌道のまわりのガウシアン的なゆらぎを利用してとり扱うことができる。その他，多くの応用例があるが，くわしくは他の文献[2),3),12)]に譲る。

　次章以降では，熱力学・統計力学の変分原理について解説する。とくに，散逸のある力学系を経路積分を用いて変分原理でとり扱う方法（最近の研究結果）についてもふれる。

112　第6章　ファインマンの経路積分

補遺10　トロッター公式の収束性(有界な演算子の場合)

　ここでは，演算子AとBが有界な場合に，トロッター公式(6.24)がノルム収束することを示す。じつは，より一般に，有界なq個の演算子$A_1, A_2, \cdots, A_q$に対して，公式

$$\lim_{n \to \infty}\left(e^{\frac{A_1}{n}}e^{\frac{A_2}{n}}\cdots e^{\frac{A_q}{n}}\right)^n = e^{A_1 + A_2 + \cdots + A_q} \tag{A10.1}$$

のノルム収束が次のように示せる[3]。いま，

$$a = \exp\left[\frac{1}{n}\left(A_1 + A_2 + \cdots + A_q\right)\right], \quad b = e^{\frac{A_1}{n}}e^{\frac{A_2}{n}}\cdots e^{\frac{A_q}{n}} \tag{A10.2}$$

とおくと，

$$\begin{aligned}
\left\|a^n - b^n\right\| &= \left\|a^{n-1}(a-b) + a^{n-2}(a-b)b + \cdots + (a-b)b^{n-1}\right\| \\
&\le \left\|a-b\right\|\left(\left\|a\right\|^{n-1} + \left\|a\right\|^{n-2}\left\|b\right\| + \cdots + \left\|b\right\|^{n-1}\right) \\
&\le \left\|a-b\right\|\exp\left[\frac{n-1}{n}\left(\left\|A_1\right\| + \left\|A_2\right\| + \cdots + \left\|A_q\right\|\right)\right]
\end{aligned}$$

参考文献
1) 鈴木増雄:「変分原理と物理学」，パリティ 2012年4月号より連載.
2) R. P. ファインマン，A. R. ヒッブス著:『ファインマン経路積分と量子力学』(北原和夫訳)マグロウヒル(1990). 式(3-88)や問題7-9の式などには誤植がある.
3) 大貫義郎，鈴木増雄，柏太郎:『経路積分の方法』岩波書店，現代物理選書(2012年6月再版).
4) 河原林研:『量子力学』(岩波講座現代物理学)，岩波書店(1993).
5) 鈴木増雄:パリティ 2010年8月号58ページ.
6) 仲滋文:『数理科学』特集:面白い発想，No.588，6月号，サイエンス社(2012).
7) 藤原大輔:『数理物理　私の研究』荒木不二洋，江口徹，大矢雅則編，丸善出版(2012) p. 353.
8) 藤川和男:文献7の p. 345.
9) 初田哲男:文献7の p. 309.

10) 鈴木増雄：『統計力学』岩波書店，現代物理学叢書（2000）岩波オンデマンドブックス（2016 年 1 月）.

11) T. Kato, *Perturbation theory for linear operators*, Springer, 第 2 版（1976）.

12) R. P. Feynman, R. B. Leighton and M. Sands: *The Feynman Lectures on Physics,* Vol. II, Addison-Wesley, Reading MA（1964）.

第7章

熱力学の変分原理と相反法則

　物理学は価値観とは無関係な学問と思われているようであるが，これから議論する熱力学は，価値観と大いに関係している。すなわち，他の物理学とは異なり，エントロピーという概念を通して[1]~[6]，熱エネルギーを他のエネルギーとは区別し，時間の対称性を破る不可逆的な現象を扱うところに大きな特徴がある[7]。電気エネルギーなどが熱エネルギーに変換されるとエントロピーが増大するが，高温から低温に熱が移るときにもエントロピーが増える。これが不可逆現象の本質である。したがって，熱力学では，変分原理[1]が基本的な役割を果たしている。すなわち，熱平衡状態は，いろいろな条件に応じてそれぞれに対応する熱力学的関数が極値をとるという変分原理で特徴づけられる[2]~[5]。

　また，熱力学は，日常生活の身近な現象から，宇宙の始まりやブラックホールの問題に至るまで，さまざまなスケールの領域で使われていることを強調しておきたい。本章はたいへん初等的な話から始めたい。本章の後半では，ランダウの2次相転移の現象論や筆者のスピングラスの相転移および金属−絶縁体転移への拡張などを対称性の視点で解説する。

7.1　熱利用の歴史

　人類の文明は，人間が火を使用するようになったときに始まったといわれている。熱の利用による料理が食生活を大きく変えた。やがて，人類は熱エネル

ギーを機械的エネルギーに変えることを思いついた。すなわち，蒸気を利用して物を回転させたり動かしたりする工夫が古代ギリシャ時代にはすでに行われていた。ガリレイは空気の体積の温度変化（膨張）を利用して温度計を初めてつくったといわれている。現代にも引き継がれているのはファーレンハイト（D. G. Fahrenheit）のアルコール温度計（1714年）と水銀温度計（1724年）である。18世紀に入ると蒸気機関（熱機関）が発明され，産業革命の原動力となった。

　蒸気をつくる燃料も，木材から，石炭，石油，およびLPGへといろいろと時代とともに変わってきた。ついに，アインシュタイン（A. Einstein）の相対性理論におけるエネルギー・質量の関係式 $E = mc^2$ に基づく（戦時中の米国における）原子爆弾（原爆）の開発から始まって，原子力発電（原発）まで人類は一挙に突き進んでしまった。そして，日本では2011年3月11日の原発事故が起きてしまった。（ちなみに，質量1gの欠損を，そのまま電気エネルギーに単純に換算すると，約57万kWhという膨大なエネルギーになる。もちろん，実際は，熱エネルギーを経由して電力をとり出すので，効率は小さくなる。）

　産業革命とともに鉄鋼の生産が盛んになり，高温の熔鉱炉の温度制御も進み，そのさい炉から出る熱放射のスペクトル分布が利用されていた。すなわち，炉心の色は，高温になるにつれて光の振動数の小さい赤色から大きい振動数の青白い色に変化する。プランク（M. Planck）は，このスペクトル分布を，当時できたばかりのボルツマン（L. E. Boltzmann）のエントロピーのミクロな表式 $S = k_\mathrm{B} \log W$ を用いて理論的に説明しようと試みた。ここで，W は対象とする系のミクロな状態数を表す。当時は，光のエネルギーは連続的であると考えられていたので，状態数 W を計算する便法として，プランクは振動数 ν の $\hbar$ 倍の微小エネルギー $\hbar\nu$ を導入し，エントロピー S を計算し，ボルツマンの統計力学に従って熱放射スペクトルの分布を求めた後に $\hbar$ をゼロにするつもりであった。しかし，思いがけなく（まさにセレンデピティである），$\hbar$ を非常に小さい有限の値（$\hbar = 1.054571 \times 10^{-34}$ J/s）とすると，実験式とよく合うことを発見した（1900年）。これが量子論の最初の発見である[6]。このように，熱力学・統計力学という普遍的な物理学の方法論・考え方は，量子力学という20世紀の物理学の創始に大きく貢献した。

7.2 熱エネルギーと熱力学の第1法則(エネルギー保存則)

　熱とは何かという問題に対しては，古代ギリシャ時代から2通りの見方があった。すなわち，熱素説(現実の物質とは異なるが，ある特殊な物質のようなものとする考え方)と現代風の物の運動の一様式とみる考え方である。ダランベール(Jean Le Rond d'Alembert)は運動エネルギーを $(1/2)\,mv^2$ の形でとらえた。これが熱エネルギーの概念の基礎となった。1847年には，ヘルムホルツ(H. L. F. von Helmholtz)が熱エネルギーも含めて，エネルギー保存則を定式化した。これが熱力学の第1法則となった[2]~[5]。

7.3 熱力学の第2法則(エントロピー増大則)

　熱力学の第1法則はエネルギー保存則を熱エネルギーまで含めて表したもので，熱機関は熱エネルギーを仕事に変換する機械である。しかし，熱をすべて仕事に変えることはできない。さらに，一口に熱エネルギーといっても，温度によってその効力が異なる。高温の熱エネルギーほど大きな効果を与えることができる。1824年カルノー(M. Karnaugh)は，理想的な熱機関をつくったとき，熱を仕事に変えられる限界はどこか，それは高温の熱源の温度 T_1 と低温の熱源の温度 T_2 にどのように依存するか，それに答えるべく熱機関の効率 η を研究し，

$$\eta \leq 1 - \frac{T_2}{T_1} \equiv \eta_0 \tag{7.1}$$

という関係式を発見した(よりくわしくは，第1章の解説[1]を参照してほしい)。すなわち，非常にゆっくり(準静的に)熱機関を働かせたときの効率(理想的な，すなわち，可逆なカルノーサイクルに対する熱効率)が η_0 で与えられる。これを発展させて，ケルビン卿(W. Thomson)とクラウジウス(R. J. E. Clausius)は独立に，熱力学の第2法則を導いた。この表現にはいろいろあるが，「高温から低温に熱は自然に移動できるが，その逆は成り立たない」，または，

118   第 7 章　熱力学の変分原理と相反法則

「仕事はすべて熱に変わりうるが，熱はすべては仕事に変えられない」などと表される。熱の微小変化量 δQ をその温度 T で割った状態量 dS を

$$dS = \frac{\delta Q}{T} \tag{7.2}$$

で定義し[*1]，これをエントロピー（の変化量）とよぶ[2)~5)]。外部と熱の出入のない系を断熱系といい，この断熱系の内部の高温 T_1 から低温 T_2 に熱量 ΔQ が移動すると，この系のエントロピーは

$$\Delta S = \frac{\Delta Q}{T_2} - \frac{\Delta Q}{T_1} = \Delta Q \left(\frac{1}{T_2} - \frac{1}{T_1} \right) \tag{7.3}$$

だけ増えることになる。$T_1 > T_2$ であるから，

$$\Delta S > 0 \tag{7.4}$$

である。これがエントロピー増大の法則である。したがって，これも熱力学の第 2 法則にほかならない。温度 T が連続的に変化する場合の 2 つの状態 A，B 間のエントロピーの差 $(S_B - S_A)$ は

$$S_B - S_A = \int_A^B \frac{dQ}{T} \tag{7.5}$$

と積分形で与えられる[2)~5)]。これは状態 A から状態 B への変化の経路にはよらない。この意味で，エントロピーは状態量（状態にだけよる量）とよばれる。この他にも，内部エネルギーなど，さまざまな（熱力学的）状態量がある。

[*1]　熱は，その量は同じでも，どの温度にあるかによって価値が異なり，状態に対応した量（状態量）ではない。したがって，熱の微小量 δQ は，単なる微小な変化量（微小な ΔQ）の意味で使われていることに注意してほしい。本によっては $d'Q$ などの記号が用いられることもあるが，かえってわずらわしいのでここでは δQ 記号を用いた。他の熱力学的関数の変分 df は状態量であるから，ポテンシャル f が存在して，式 (7.8) のような完全微分性が成り立つ。

7.4 熱力学の相反法則

熱力学状態量 f は熱力学ポテンシャル（関数）ともよばれ，その変分 df は独立変数 x, y の変分 dx, dy などを用いて

$$df = Xdx + Ydy \tag{7.6}$$

の形で表される。数学的には，これは完全微分式であり，

$$X = \frac{\partial f}{\partial x}, \qquad Y = \frac{\partial f}{\partial y} \tag{7.7}$$

と表される。さらに，これらを y と x で微分すると，

$$\frac{\partial X}{\partial y} = \frac{\partial^2 f}{\partial y \partial x} = \frac{\partial^2 f}{\partial x \partial y} = \frac{\partial Y}{\partial x} \tag{7.8}$$

というマクスウェル（J. C. Maxwell）の関係式が成り立つ。これは，2つの変化 dx, dy に対する交差（クロス）した応答が互いに等しいことを表している。これが熱力学の相反法則である。

熱力学的平衡状態では，X や Y が x, y を含む非線形応答でも一般的に成り立つ。次章以降で扱うように，非平衡線形応答で発見されたオンサーガー（L. Onsager）の相反定理[2)~4)] は，一般の不可逆な非線形応答では成り立たない[5)]。非平衡系でも線形応答では相反定理が成り立つのは，応答係数が平衡系のゆらぎ（時間相関関数）で表され，それらが時間反転に対して対称的であるからである[2)~5)]。

以上は，きわめて一般的な話である。これから，熱力学関数 f として具体的ないくつかの例をとり上げ，その変分関数としての物理的意味を説明する。

7.4.1 内部エネルギー U

熱力学の第1法則と第2法則より，準静的（無限にゆっくりした可逆な）変化に対する内部エネルギーの変分 dU は

120　第7章　熱力学の変分原理と相反法則

$$dU = TdS - pdV \tag{7.9}$$

で与えられる。ただし，p は圧力，V は体積である。体積が増えるとき，問題とする気体は外に pdV の仕事をするので，気体はその分だけ内部エネルギーを失い，式 (7.9) に負符号がつく。式 (7.7) より

$$T = \left(\frac{dU}{dS}\right)_V \qquad および \qquad p = -\left(\frac{dU}{dS}\right)_S \tag{7.10}$$

が導かれ，式 (7.8) より

$$\left(\frac{\partial T}{\partial V}\right)_S = -\left(\frac{\partial p}{\partial S}\right)_V \tag{7.11}$$

という一種の相反法則が成り立つ。

7.4.2　ヘルムホルツの自由エネルギー F

式 (7.11) では，独立変数が体積 V とエントロピー S になっており，外からエントロピーを直接制御するのは不便なので，温度 T を独立変数に変えると便利である。そこで，内部エネルギー U を次のようなルジャンドル変換した量 F を考える：

$$F = U - TS \tag{7.12}$$

これは，ヘルムホルツの自由エネルギーとよばれ，熱力学・統計力学においてもっとも重要な熱力学的関数の1つである。熱平衡状態は，内部エネルギーとエントロピー効果のバランスにより，ヘルムホルツの自由エネルギーが最小になるという条件で決まる。その変分 dF は，

$$dF = SdT - pdV \tag{7.13}$$

で与えられる。したがって，

$$S = -\left(\frac{\partial F}{\partial T}\right)_V \qquad および \qquad p = -\left(\frac{\partial F}{\partial V}\right)_T \tag{7.14}$$

となり，これらの関係式より

$$\left(\frac{\partial S}{\partial V}\right)_T = \left(\frac{\partial p}{\partial T}\right)_V \tag{7.15}$$

という，物理的にとらえやすい相反法則が導出される。通常の応答（Vの変化に対してpの変化，およびTの変化に対してSの変化）ではなく，交差（クロス）した応答が互いに等しくなるので，相反法則とよばれる。

7.4.3 ギブスの自由エネルギー G

通常の実験では，独立変数として，温度Tと圧力pをとることが多い。そこで，Fを次のように再びルジャンドル変換して得られる量

$$G = F + pV = U - TS + pV \tag{7.16}$$

を考える。これはギブスの自由エネルギー，または単に熱力学的ポテンシャルともよばれ，その変分dGは

$$dG = -SdT + Vdp \tag{7.17}$$

で与えられる。したがって，

$$S = -\left(\frac{\partial G}{\partial T}\right)_V \qquad および \qquad V = \left(\frac{\partial G}{\partial p}\right)_S \tag{7.18}$$

となり，この場合の相反法則は

$$\left(\frac{\partial S}{\partial p}\right)_T = -\left(\frac{\partial V}{\partial T}\right)_p \tag{7.19}$$

の形となる。すなわち，エントロピーの圧力変化は膨張率を用いて表される。式（7.16）の定義からわかるように，このギブスの自由エネルギーGは温度と

122   第7章　熱力学の変分原理と相反法則

圧力を一定にした条件のもとで，物質の量（原子数や分子数N）を増やしたときに必要とするエネルギーμと考えられる。したがって，

$$G = \mu N \tag{7.20}$$

とも書ける。ここでは，μは化学ポテンシャルともよばれ，2相の平衡や化学反応を議論するときに重要となる[2]～[4]。

7.4.4　エントロピー S の変分とボルツマンの統計力学

式(7.9)より，エントロピーの微分は

$$dS = \frac{1}{T}dU + \frac{p}{T}dV \tag{7.21}$$

と与えられるので，次の熱力学的関係式

$$\left(\frac{\partial S}{\partial U}\right)_V = \frac{1}{T} \qquad および \qquad \left(\frac{\partial S}{\partial V}\right)_U = \frac{p}{T} \tag{7.22}$$

が導かれる。とくに，式(7.22)の第1式はボルツマンの原理

$$S = k_B \log W \tag{7.23}$$

から，熱力学的関数UやFを求めるのに基本となる重要な式である。

すなわち，次章にくわしく説明するように，Wを内部エネルギーUの関数として$W = W(U)$で与えられると，式(7.22)の第1式より，

$$\frac{1}{W(U)} \frac{dW(U)}{dU} = \frac{1}{k_B T} \tag{7.24}$$

となるから，これをUについて解くと，

$$U = U(T) \tag{7.25}$$

のように，内部エネルギーUが温度Tの関数として与えられることになる。こうして，エントロピーSも式(7.23)を通して，$S = S(T)$とTの関数で与えられ

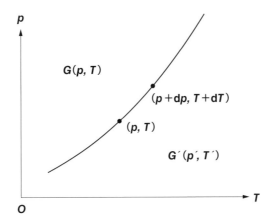

〈図7.1〉2相平衡の条件
共存線上では，$G(p, T) = G'(p', T')$ が成り立つ．ただし，共存線上では $p' = p$ および $T' = T$ である．

る．したがって，ヘルムホルツの自由エネルギー F も $F = U(T) - TS \equiv F(T)$ と温度 T の関数として求められる．これがボルツマンの統計力学の骨子である[4]．

7.5 相平衡とクラペイロン-クラウジウスの式（2相共存線）

変分関数（熱力学的関数）の1つであるギブスの自由エネルギー G の重要な応用例として，2相の共存線を与える関係式（クラペイロン-クラウジウスの式）[2]～[4] を求めてみよう．〈図7.1〉のように[4]，それぞれの相のギブスの自由エネルギーを $G(p, T)$ および $G'(p', T')$ とすると，2相の共存線上の2点 (p, T) および $(p + dp, T + dT)$ では，それぞれの相の G の値は，それぞれ2点で一致しなければならない：

$$G(p, T) = G'(p, T) \quad \text{および} \quad G(p + dp, T + dT) = G'(p + dp, T + dT) \tag{7.26}$$

124　第7章　熱力学の変分原理と相反法則

これらの式より，dpおよびdTの1次までの範囲で次の熱力学的変分式が得られる：

$$\left(\frac{\partial G}{\partial p}\right)_T dp + \left(\frac{\partial G}{\partial T}\right)_p dT = \left(\frac{\partial G'}{\partial p}\right)_T dp + \left(\frac{\partial G'}{\partial T}\right)_p dT \tag{7.27}$$

熱力学的表式(7.18)を用いると，上式は

$$Vdp - SdT = V'dp - S'dT \tag{7.28}$$

と書き直せる。これより，2相の共存線を与える次のクラペイロン-クラウジウスの方程式

$$\frac{dp}{dT} = \frac{S'-S}{V'-V} = \frac{\Delta Q}{T} \cdot \frac{1}{\Delta V} \tag{7.29}$$

が導かれる。ただし，$\Delta Q = T(S'-S)$は潜熱を表し，$\Delta V = V'-V$は体積の跳びを表す[4]。このように，跳びのある相転移を「1次相転移」という。ΔQとΔVのp，T依存性がわかれば，式(7.29)を解くことにより，共存線が具体的に求められる。

ふつうの物質では，$dp/dT > 0$であり，共存線は右上がりになり，圧力の増加とともに融解点は上昇する。ところが，水と氷の場合は，水の比体積よりも氷の比体積のほうが大きいため，$\Delta V < 0$となり，$dp/dT < 0$となる。すなわち，共存線は右下がりとなる。同じ温度で比較すると，圧力が小さい領域（表面）は氷の相となり，圧力が大きい領域（水の底）は水の相となる。このように，水の表面から凍り始めることは，魚にとっては好都合なことであろう。（逆に下から凍ると，他の大きな動物を恐れて水底に隠れる魚にとってはたいへん危険なことである。それを前もって知っている魚は，水が0℃に近くなると，皆一斉に水面に浮き上がってくることになる。何と奇異な光景であろう！　じつは，水中の酸素濃度が下がると，この光景が見られる。）

7.6 相転移の変分理論(ランダウの2次相転移の現象論)

熱力学的関数の1階微分が相転移点で不連続になるのが1次相転移であり，1階微分は連続であるが，2階微分が不連続また発散する場合を「2次相転移」という。これから，2次相転移の変分的とり扱いを説明する。体積などは相転移点で連続であるから，ギブスの自由エネルギーではなく，ヘルムホルツの自由エネルギー F を用いることになる。2次相転移の特徴は，相転移点で対称性(の度合)が変化することである。対称性の高い相は無秩序状態であり，その高い対称性が破れて秩序が現れると，それだけ対称性が低くなる。その秩序を特徴づける物理的な(熱力学的な)パラメーターを「秩序パラメーター」とよび，M という記号で表すことにする。たとえば，磁性体での磁化の強さ，誘電体での分極の強さ，超伝導体での超伝導成分の大きさなどがその典型的な例である。

さて，多くの場合，ヘルムホルツの自由エネルギーは秩序生成に対する反転対称性があり，秩序パラメーター M の偶関数で表される。それを

$$F = F_0 + AM^2 + BM^4 + \cdots \tag{7.30}$$

のようにテイラー展開する。いま，相転移点近傍の現象に着目すると，M は小さいので，テイラー展開の低次でとめて十分であろう(じつは，後で議論するように，この仮定は一般には正しくない)。

簡単のために，式(7.30)のように M の4次までの F を考えることにする。〈図7.2〉に示したように，質的に異なる2つの場合が現れる。すなわち，F を最小にする M の値が $M = 0$ の場合(これが無秩序相であり，$T > T_c$ 〈T_c は相転移点〉の温度領域に対応する状態)と F が $M = \pm M_s$ という2つの値で極小値をもつ場合である。後者の温度領域($A < 0$; $T < T_c$)では，対称性が自発的に破れて，M は $\pm M_s$ のどちらかの有限の値をもつ秩序状態が現れる。(素粒子理論の研究で2008年ノーベル物理学賞を受賞した南部，小林，益川博士らの仕事も，この自発的対称性の破れと，考え方としては深い関連がある。)

さて，$T > T_c$ では，$A = A(T) > 0$ のはずであり，$T < T_c$ では，$A(T) < 0$ であるから，これを満たすもっとも簡単な A の形としてランダウは $A(T) = a(T - T_c)$

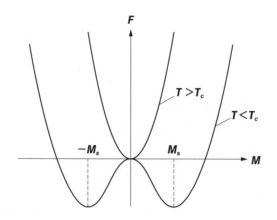

〈図7.2〉ランダウの自由エネルギー F と秩序パラメーター M との関係
温度 T が相転移点 T_c より低くなると，$\pm M_s$ で2つの極小値をもつようになる。

$(a>0)$ と仮定した（しかし，これは一般には正しくないことは，1964年にすでに筆者によって指摘され，高次展開まで考慮する試みが行われた[8]）。

秩序パラメーター M に共役な外力を H とすると，この外力が存在するときの自由エネルギー $\hat{F}$ は

$$\hat{F} = F - MH \tag{7.31}$$

と書ける。外力 H のあるときの熱平衡状態の状態方程式は，$\hat{F}$ の変分条件 $\partial \hat{F}/\partial M = 0$ より，

$$2AM + 4BM^3 + \cdots = H \tag{7.32}$$

となる。相転移点 T_c より上側 $(T>T_c)$ の温度領域では，H が小さいとき M も小さいから，式(7.32)で M^3 の項は無視できて，

$$M = \chi_0(T) H \tag{7.33}$$

と書ける。ただし，応答係数 $\chi_0(T)$ は，

$$\chi_0(T) = \frac{1}{2A}$$
$$= \frac{1}{2a(T-T_c)} \sim \frac{1}{(T-T_c)^\gamma} \ ; \qquad \gamma = 1 \qquad (7.34)$$

の形の異常性を示す。すなわち，$\chi_0(T)$ の臨界指数 γ は，このランダウの変分的現象論では，$\gamma = 1$ である。また，相転移点より下側 $(T < T_c)$ の温度領域では，外力がゼロ $(H = 0)$ でも，式 (7.32) は解

$$M_s = \pm\left(-\frac{A}{2B}\right)^{1/2} = \pm\left(\frac{a(T-T_c)}{2B}\right)^{1/2} \sim \pm(T-T_c)^\beta \qquad (7.35)$$

をもつ。これが，〈図7.2〉の2つの極小値に対応する。さらに，$T = T_c$ では $A(T_c) = 0$ であるから，臨界点での秩序パラメーター M_c は

$$M_c \sim H^{1/\delta} \ ; \qquad \delta = 3 \qquad (7.36)$$

のような異常性を示す。こうして，3つの臨界指数は，この変分理論（平均場理論に対応する）では，

$$(\gamma, \ \beta, \ \delta) = \left(1, \ \frac{1}{2}, \ 3\right) \qquad (7.37)$$

とまとめられる。実際は，T_c 近傍では，ゆらぎの効果が現れて，少しずれた値になる。くわしくは，くり込み群の理論[9]やコヒーレント異常法（coherent anomaly method, CAM）[10]を参照してほしい。

7.7 非対称な自由エネルギーを用いた相転移の変分理論

通常の2次相転移を記述するヘルムホルツの自由エネルギーは，式 (7.30) のように秩序パラメーター M の反転 $-M$ に対して F は不変である。すなわち，F は M の偶関数である。しかし，スピングラスの相転移[11]や金属-絶縁体転移[12]

128 第7章 熱力学の変分原理と相反法則

などでは，秩序パラメーターは正の領域でのみ定義されるから[*2]，Fはそのような反転対称性をもたず，奇数次の項も現れる。このような系の秩序パラメーターをηとする相転移を示すFは，η以外の秩序パラメーターMを含む項F_0を除くと，一般にηの2次から始まるので，

$$F = F_0 + c\eta^2 + d\eta^3 + \cdots \tag{7.38}$$

のような展開となる。再び，係数cはT_c近傍で$c \sim (T - T_c)$のように変わると仮定すると，対称な自由エネルギーに対する変分理論と同様の議論（秩序パラメーターηに対する物理的条件$\eta \geq 0$に注意すること）により，臨界指数γ，β，およびδが

$$(\gamma,\ \beta,\ \delta) = (1,\ 1,\ 2) \tag{7.39}$$

と求まり，磁気相転移などで現れる通常のユニバーサリティクラス[9),10)]の臨界指数(7.37)とは異なるクラスとなる[11),12)]。（F_0のほかに，式(7.38)にMとηの結合の効果を入れてMとηで変分をとると，両方の結合した2つの状態方程式が求まる。こうして，スピングラスでは非線形磁化率が相転移点で負に発散することが示されている[11)]。）

このように，2次相転移の理論では，「対称性」という概念が中心的な役割を果たし，変分理論にもそれが反映される。逆に，対称性に注意して理論を組み立てるのがコツである。

7.8 熱力学の広がり

他にも相対論的熱力学の問題[13)〜15)]やブラックホールのエントロピーなど

[*2] スピングラスはランダムな相互作用によって起こる磁気相転移であり，ランダムな向きにスピンの凍結した状態（スピングラス相）が秩序状態である。秩序パラメーターは向きをもたず，大きさ（0か正かという値）だけが物理的意味をもつ。金属–絶縁体転移では，電気伝導度が秩序パラメーターの役割を果たし，スピングラス転移と同様な状況にあり，両者は同じユニバーサリティクラスに属することになる。

興味深いテーマも多い。たとえば，ブラックホールのエントロピーはその表面積（地平線表面）に比例することが示されている[16),17)]。最近，この関係はAdS/CFT対応[18)]を用いても導かれている[19)]。この面積則はブラックホールの表面から出る（量子的な）ホーキング輻射と関係している。また，ここで用いられているAdS/CFT対応は，概念的には，統計物理学での量子-古典対応[20)]の延長線上にあるといえる[21)]。次章では，統計力学と変分原理を解説する。

参考文献
1) 鈴木増雄：『変分原理と物理学』，パリティ 2012 年 4 月号より連載.
2) 戸田盛和，宮島龍興編：『物理学ハンドブック第 2 版』朝倉書店(1993).
3) C. P. プール. Jr：『現代物理学ハンドブック』鈴木増雄，鈴木公，鈴木彰訳，朝倉書店(2004).
4) 鈴木増雄：『統計力学』岩波書店(2000)岩波オンデマンドブックス(2016 年 1 月).
5) 高橋秀俊，藤村靖：『高橋秀俊の物理学講義』筑摩書房(2011).
6) 鈴木増雄：『22 世紀の物理学を考える　物，エネルギーおよび情報の関わり方』パリティ Vol. 27，3 月号(2012 年)58.
7) 鈴木増雄：『自然はゆらぎを好むが無駄を嫌う——熱エネルギー・エントロピーの魔力——』第 123 回本田財団懇談会(2012 年 10 月 1 日). NHK ラジオ第 2(全国放送)「文化講演会」，2013 年 2 月 14 日(日) 21：00 ～ 22：00 放送. また，同年 3 月 2 日(土) 06：00 ～ 07：00 に再放送. この講演は，文献6)および次の論文 M. Suzuki: Physica A **390**(2011)1904, **391**(2012)1074, **392**(2013)314, および**392**(2013)4279.
8) 鈴木増雄：『2 次相転移』日本物理学会誌第 20 巻第 12 号(1965)792. ランダウの仮定は，平均場理論が厳密に成り立つ系では正しいが，一般の系では正しくないことに気づいた筆者は，M に関するテイラー展開を十数次(または無限次)まで同程度に考慮すると 2 次元イジング模型の$\gamma = 7/4, \beta = 1/8$ などの説明ができることを世界に先がけて(Widom の同次形の仮定は 1965 年，Kadanoff のスケーリング則は，1966 年，筆者の発表は 1964 年 12 月基研の研究会で発表された. この報告は物性研究 **3**(1965)319(1 月 18 日受理)に掲載された.)，国内では学会発表まで行ったが，「ランダウ理論の誤り」というタイトルの講演だったため，多くの批判を受け，英文発表をためらったのは，残念である.
9) 江沢洋，渡辺敬二，鈴木増雄，田崎晴明：『くりこみ群の方法』岩波書店(2012).
10) M. Suzuki, X. Hu, M. Katori, A. Lipowski, N. Hatano, K. Minami and Y. Nonomura: 『Coherent Anomaly Method——Mean Field, Fluctuations and Systematics』(World Scientific, 1995).
11) M. Suzuki: Prog. Theor. Phys. **58**, 1151(1977).
12) N. H. March, M. Suzuki and M. Parrinello: Phys. Rev. **B19**, 2027(1979). この他にも最近は多数の(再発見の)論文が出ている.
13) H. Otto: Z. Phys. **175**, 70(1963).
14) 鈴木増雄：「自然」第 23 巻第 7 号，62(1963).
15) S. Nakajima: Prog, Theor, Phys. **41**, 1450(1969). この他にも，最近は多数の論文が発表されている.

130　　第 7 章　熱力学の変分原理と相反法則

16) J. D. Beckenstein, Phys. Rev. **D7**, 2333(1973).

17) S. W. Hawking, Phys. Rev. **D7**, 191(1976).

18) J. Maldacena, Adv. Theor. Math. Phys. **2**, 231(1998).

19) S. Ryu and T. Takayanagi, Phys. Rev. Lett. **96**, 181602(2006).

20) M. Suzuki, Prog. Theor. Phys. **56**, 1454(1976).

21) 松枝宏明：『量子系のエンタングルメントと幾何学』森下出版(2016).

第8章

統計力学と変分原理

　日常当たり前のこととして経験することの中から，いちばん基本的と考えられることを法則（熱力学の第1法則と第2法則）として認め，それらを基礎に体系化した学問が熱力学[1]である。この熱力学を，原子や分子の運動にまでさかのぼって基礎づけるのが統計力学である[2]~[4]。したがって，統計力学では，特定の原子や分子に着目するのではなく，それら全体の集団としてのふるまいを問題にする。そのために，平均をとるような統計的処理が重要になる。これは国勢調査に似たところがある[2]。国民全体の収入の分布や経済活動は，物理におけるエネルギーの分布やその移動・変化の様子と対比して考えることができる[2]。

8.1　統計力学は熱力学をミクロに解釈することから始まる

　まず，熱エネルギーをミクロにみるとどうなるか考えてみよう。簡単のために，互いに力を及ぼさない分子の集団（理想気体）が温度Tで熱平衡状態にあるとしよう。分子の総数をN（10^{23}個程度と非常に大きな数）とし，i番目の分子の速さをv_iとすると，その運動エネルギーε_iは

$$\varepsilon_i = \frac{1}{2}mv_i^2 \tag{8.1}$$

で与えられる。ただし，mは分子の質量である。したがって，この気体全体の運動エネルギー E は，これらの総和

$$E = \varepsilon_1 + \varepsilon_2 + \cdots + \varepsilon_N = \sum_{i=1}^{N} \varepsilon_i \left(\equiv N\varepsilon\right) \tag{8.2}$$

で与えられる。ここで，ε は，分子1個あたりの平均の運動エネルギーである。気体を温める（熱を与える）と気体の温度が上がる。これは「熱素」のような物質が増えたのではなく，エネルギーが増えたのであると考えると，それは気体の運動エネルギー E の増加とみなさざるを得なくなる。すなわち，気体の場合，熱エネルギーとは，気体の運動エネルギー（重心の運動エネルギーは除く）であると解釈できる。気体の温度Tが高いほど気体の熱エネルギーは大きくなるが，その関係をミクロに求めるには，温度Tで平衡状態にある分子のエネルギー分布（ε_iのバラツキ），すなわち，速さの分布を求めなければならない。ここでは，マクロに体験する法則をもとに，エネルギー E が温度Tに比例することを直観的に導いてみよう。

体積V，圧力pの中にある気体の状態方程式はボイル–シャルルの法則

$$pV = KT \quad (K は定数) \tag{8.3}$$

で与えられるから，これを分子が壁に衝突する力を用いて導けば，エネルギー E が温度Tに比例することがわかる。話をわかりやすくするため，分子はすべて同じ速さで動いているとする。すなわち，平均の速さvで立方体（$L \times L \times L = V$の体積）の辺に平行に，x, y, z方向の3方向に動き，壁に垂直に衝突し，その運動量変化としての衝撃$2mv$を与える。その回数は，毎秒$(v/2L) \times (N/3) = vN/(6L)$であるから，単位面積あたりの圧力$p$は

$$p = 2mv \times \frac{vN}{6L}\frac{1}{L^2} = \frac{mv^2}{3L^3}N = \frac{2}{3V}\varepsilon N = \frac{2}{3V}E \tag{8.4}$$

となる。式(8.3)と比較して，気体のエネルギー E は

$$E = \frac{3}{2}KT \tag{8.5}$$

であることがわかる（通常の教科書とは逆の説明になっている）。

　実際は，気体分子の速さにはバラツキがあり，その分布の様子は，温度によって変わり，運動エネルギーの平均が $\varepsilon = 3KT/2N$ となるような分布になっている。マクスウェル（J. C. Maxwell）の研究によると，速さ v から $v + dv$ の間にある分子の数を $Nf(v)\,\mathrm{d}^3v$ として定義した分布関数 $f(v)$ は

$$f(v) = c\mathrm{e}^{-\beta mv^2/2} = c\mathrm{e}^{-\beta\varepsilon} \qquad \left(\beta = \frac{1}{k_\mathrm{B}T} \equiv \frac{N}{KT}\right) \tag{8.6}$$

で与えられる[2]〜[4]。すなわち，大きな速さをもつ分子は，指数関数的に少なくなる。社会の富の分布などもこの分布に似ている[2]。論文の質とその数に関しても同様のことがいえる。上はノーベル賞級の論文から，下はほとんど引用されない論文までであるが，その論文数の逆数に比例して（指数関数的に），評価が高くなる。

8.2　カノニカル分布（正準分布）

　前節で気体分子の速度分布（マクスウェル-ボルツマンの速度分布則）を議論したが，論理性に強い読者は，式（8.2）と平均エネルギー ε との説明に疑問を感じたことだろう。新しい研究の発展は，そのような疑問から始まることが多い。式（8.2）の ε は $|\varepsilon_i|$ の単なる算術平均であって，確率分布の平均ではない。簡単のために，わざと混同して使ったのである。式（8.4）の ε や E は確率分布の平均エネルギーの意味で使った。実際，式（8.2）の各分子のエネルギーはゆらいでいるので，全体の総和 E もゆらいでいる（$N \to \infty$ では，結局，平均になる）。そこで，E の分布を ε_i の分布から予想してみることにする。考える系がエネルギー E から $E + \Delta E$ の間にある確率を求めると，それは，いま扱っている理想気体では，各分子が独立であるから，

134 第8章 統計力学と変分原理

$$\sum_{E \leq \varepsilon_1 + \cdots + \varepsilon_N \leq E + \Delta E} \cdots \sum f(\varepsilon_1) f(\varepsilon_2) \cdots f(\varepsilon_N) = c^N \sum_{E \leq \varepsilon_1 + \cdots + \varepsilon_N \leq E + \Delta E} \cdots \sum \exp\left(-\beta(\varepsilon_1 + \varepsilon_2 + \cdots + \varepsilon_N)\right)$$

$$= C e^{-\beta E} D(E) \Delta E \qquad (8.7)$$

となる。ただし、$D(E)\Delta E$は、エネルギーがEと$E + \Delta E$の間になるような分子の組み合わせ(状態)の数である(適当に離散化する)。ここで、$D(E)$は状態密度とよばれる。量子力学的とり扱いでは、これは、$E \sim E + \Delta E$にある状態数の密度を表す。したがって、式(8.7)は、エネルギーEの1つの状態を系がとる確率が$e^{-\beta E}$に比例することを表している。これは、熱平衡状態を特徴づける、もっとも基本的かつ標準的な分布であり、カノニカル分布または正準分布とよばれる。以上の議論は、理想気体という、もっとも簡単な系について議論したものであり、実際の系は互いに力を及ぼし合っている(相互作用している)ので、ミクロな1つの分子のエネルギー分布と系全体のエネルギー分布とは概念的にまったく異なるものである。そこで、あらためて、後者のカノニカル分布を一般的に導くことにしよう。

2つの系A、Bがあり、両者は独立に運動しているものとする。1つの系AがエネルギーE_Aをもつ確率を$P(E_A)$とすると、もう1つの系BがエネルギーE_Bをもつ確率は同じ関数$P(x)$を用いて$P(E_B)$と書ける。さらに、AとBを合わせた系がエネルギー$E = E_A + E_B$をもつ確率は同様に$P(E) = P(E_A + E_B)$で表される。独立事象に関する確率の法則により

$$P(E_A + E_B) \propto P(E_A) P(E_B) \qquad (8.8)$$

でなければならない。この式が任意の値E_AとE_Bに対して成り立つのは、

$$P(E) = C e^{-aE} \qquad (8.9)$$

の形のときであることが容易に示せる[2],[3]。しかし、定数aは、これだけでは決まらない。これを決定するには、ミクロとマクロを結びつける画期的なアイデアが必要となる。それがエントロピーをミクロな状態数で表すボルツマンの原理である[2],[3]。

8.3 ミクロカノニカル分布, 等重率の原理, およびボルツマンの原理

再び, 理想気体の例で考えてみよう. 式 (8.7) が状態数 $\Omega(E)\Delta E$ に比例していることは, どのミクロな状態も同じ重みで実現されることを意味している. これは例示にすぎないが, 一般の場合でもこれを疑う理由が見当たらないので, これを原理として受け入れることにする. これを等重率の原理という. このように, 具体例から一般論を予想するのは, 研究過程ではよく行われることであり, 発見法的方法論である. さて, ボルツマン (L. Boltzmann) は, エネルギー E を指定した場合のミクロな状態数を $W(E)$ とすると, この状態の熱力学的エントロピー $S(E)$ は

$$S(E) = k_B \log W(E) \tag{8.10}$$

で与えられると考えた (ウィーン郊外にあるボルツマンの墓にはこの式 (k_B ではなく k) が刻まれている[3]). これをボルツマンの原理という. これは, 統計力学のもっとも基本的な関係式である. これは逆に, ミクロな状態数 $W(E)$ がマクロなエントロピー $S(E)$ で表せるとみることもできる:

$$W(E) = e^{S(E)/k_B} \tag{8.11}$$

数学としては, 式 (8.10) と (8.11) とはまったく等価な式であるが, 物理としては見方が逆になる. 熱平衡状態は, いろいろなゆらぎとしてとりうる状態の中でもっとも出現確率の大きい状態であると考えるのが自然である. そこで, 式 (8.9) の $P(E)$ を用いて,

$$P(E)W(E) = Ce^{S(E)/k_B - aE} = 最大 \tag{8.12}$$

という変分原理で熱平衡状態をとらえることにする. 式 (8.12) の指数の肩の部分 $S(E)/k_B - aE$ を E で微分してゼロとおくと,

$$\frac{\partial S(E)}{\partial E} = ak_{\mathrm{B}} \tag{8.13}$$

となる。一方，熱力学によると，

$$\frac{\partial S(E)}{\partial E} = \frac{1}{T} \tag{8.14}$$

という関係式が成り立つ。（式 (7.22) 参照。前章では E の代わりに内部エネルギー U の文字を用いた。）これら 2 式を比較して，未定の定数 a が $a = 1/(k_{\mathrm{B}}T) = \beta$ と決まる。こうして，カノニカル分布

$$P(E) \propto \mathrm{e}^{-\beta E} \tag{8.15}$$

が導出される。ついでながら，エネルギーを指定して，等重率の原理を満たす分布をミクロカノニカル分布という。これは，上の議論のように，カノニカル分布を導くさいに用いるだけで，実際の計算には面倒すぎて不向きな分布である[3]。

8.4　ボルツマンの古典分布

古典的な気体の 1 粒子分布関数がそのエネルギー ε の関数として

$$f(\varepsilon) = c\mathrm{e}^{-\beta\varepsilon} \tag{8.16}$$

と与えられる（式 (8.6) 参照）。これは一般の相互作用のない古典粒子系に対しても成り立つ。量子系では，フェルミ分布やボース分布が現れる[2],[3]。

くどいようであるが，古典的な 1 粒子分布関数 (8.16) と量子系でも一般的に成り立つ系全体のカノニカル分布 (8.15) とがエネルギーの関数として同形になる理由を考えてみる[3]。〈図 8.1〉のように，カノニカル集団のそれぞれは統計的標本であるから互いに統計的に独立であり，古典系と同じように扱うことができ，エネルギーの関数としてみると同形になることがうなずける[3]。

〈図8.1〉カノニカル集団の分布と古典分布
M個のカノニカル集団は"互いに統計的に独立"であるから，古典分布と同形になる：$P(E) = f_{古典}(E)$。ただし，古典的1粒子分布$f_{古典}(E)$とカノニカル集団の分布$P(E)$とは，概念的にも果たす物理的役割においてもまったく異なることに注意する必要がある。

8.5 ヘルムホルツの自由エネルギーのミクロな表式

前章の熱力学においては，ヘルムホルツの自由エネルギーの表式(7.12)，すなわち，

$$F = E - TS \tag{8.17}$$

がとくに重要な役割を果たすことを説明した。ただし，Eは系の(内部)エネルギー，Tは温度，Sはエントロピーを表す。そこで，この自由エネルギー(外に自由にとり出せるエネルギーの意味)を，カノニカル分布(8.15)やエントロピーと温度の関係式(7.14)を用いて導くことにする。じつは，温度Tが一定の条件のもとでの自由エネルギー最小($\Delta F = 0$)という変分原理は

$$\Delta S = \frac{\Delta E}{T}, \quad \text{すなわち} \quad dS = \frac{dE}{T} \tag{8.18}$$

という熱力学的関係式によって保証される。

さて，変分原理(8.12)の規格化定数Cを求めるために，次の積分

$$Z(\beta) = \int_0^\infty e^{-\beta E} D(E) dE \tag{8.19}$$

を導入する(エネルギーの下限，つまり積分範囲の下限を0とした)。これを状態和または分配関数という。ただし，状態密度$D(E)$を$W(E + dE) - W(E) =$

138   第8章　統計力学と変分原理

$D(E)\mathrm{d}E$によって定義した。式(8.11)からわかるとおり，$W(E)$はEに関して指数関数的に増大する。したがって，Eが大きいところでは，漸近的に$D(E)$ $\sim W(E)$とみなすことができるので，

$$Z(\beta) = \int_0^\infty \mathrm{e}^{S(E)/k_{\mathrm{B}}-\beta E}\,\mathrm{d}E \tag{8.20}$$

と書ける。この積分を系のサイズ$N(=L^3)$が非常に大きい極限で漸近評価することにしよう。系のエネルギーEもエントロピー$S(E)$もNに比例して大きくなる（示量性の）物理量であるから，

$$E/N = x, \qquad S(E)/N = s(x) \tag{8.21}$$

とおくと，

$$Z(\beta) = N\int_0^\infty \exp\bigl(-N\beta f(x)\bigr)\mathrm{d}x \tag{8.22}$$

と書ける。ただし，$f(x) = x - Ts(x)$である。容易にわかるように，$f(x)$を最小にするxの値$\bar{x}$の部分からの寄与

$$Z(\beta) \simeq \exp\bigl(-N\beta f(\bar{x})\bigr) \tag{8.23}$$

以外は，Nが大きい（$N\to\infty$）とき無視できる。この方法は鞍点法（saddle-point method）とよばれる。この議論は，式(8.12)の変分原理と同等である。さて，式(8.23)の鞍点$\bar{x}$は，

$$\frac{\mathrm{d}}{\mathrm{d}\bar{x}}\bigl(\bar{x} - Ts(\bar{x})\bigr) = 0 \tag{8.24}$$

の解である。この方程式は，$\bar{E} = N\bar{x}$，$S(\bar{E}) = Ns(\bar{x})$とおいて，

$$\frac{\mathrm{d}S(\bar{E})}{\mathrm{d}\bar{E}} = \frac{1}{T} \tag{8.25}$$

となる。これは，熱力学的関係式(8.14)と一致する。したがって，$\bar{E}$は熱力学的エネルギーとみることができる。こうして，式(8.25)を満たす$\bar{E}$を用いて，

$$\log Z(\beta) = -\beta(\bar{E} - TS) = -\beta F \tag{8.26}$$

の関係式が得られ，ヘルムホルツの自由エネルギー F は状態和 $Z(\beta)$ を用いて，

$$F = -k_{\mathrm{B}} T \log Z(\beta) \tag{8.27}$$

で与えられる。この表式は統計力学の中できわめて重要な公式である。系のエネルギー $\bar{E}$ は，カノニカル分布 $P(E) = \mathrm{e}^{-\beta E}/Z(\beta)$ を用いて

$$\begin{aligned}
\bar{E} &= \int_0^\infty E P(E) D(E) \mathrm{d}E \\
&= \frac{1}{Z(\beta)} \int_0^\infty E \mathrm{e}^{-\beta E} D(E) \mathrm{d}E \\
&= -\frac{\partial}{\partial \beta} \log Z(\beta) = \frac{\partial}{\partial \beta} \left(\frac{F}{k_{\mathrm{B}} T} \right)
\end{aligned} \tag{8.28}$$

と与えられる。したがって，式(8.26)より，エントロピー S は

$$S = \frac{\bar{E} - F}{T} \tag{8.29}$$

によって求められる。このように，ミクロな状態和 $Z(\beta)$ の表式がわかれば，すべての巨視的な（熱力学的）物理量が求められることになる。これで平衡系の統計力学の基本的な定式化が一応できたことになる。

8.6 カノニカル分布の密度行列による表現とエントロピーの公式

量子力学的な系のカノニカル分布を表すには，系のエネルギー E を表す行列ハミルトニアン $\mathcal{H}$ を用いて密度行列

$$\rho = \frac{\mathrm{e}^{-\beta \mathcal{H}}}{Z(\beta)} \; ; \qquad Z(\beta) = \mathrm{Tr}\, \mathrm{e}^{-\beta \mathcal{H}} \tag{8.30}$$

を導入すると便利である。たとえば，エネルギー $\bar{E}$ の温度変化である比熱 C は

$$C = \frac{d\bar{E}}{dT} = \frac{1}{k_B T^2} \left\langle \left(\mathcal{H} - \langle \mathcal{H} \rangle \right)^2 \right\rangle \tag{8.31}$$

のように，エネルギーのゆらぎで表される。任意の物理量（の演算子）Qの平均$\langle Q \rangle$は

$$\langle Q \rangle = \mathrm{Tr}\, Q\rho = \frac{\mathrm{Tr}\, Q\mathrm{e}^{-\beta \mathcal{H}}}{Z(\beta)} \tag{8.32}$$

と書ける。したがって，一般に物理量$\mathcal{A}$に共役な外力Fに対する応答はハミルトニアン $\mathcal{H} = \mathcal{H}_0 - \mathcal{A}F$ とおいて，逆温度βの平衡状態の密度行列 $\rho(\beta)$ に対する一般表式

$$\rho(\beta) = \frac{\mathrm{e}^{-\beta(\mathcal{H}_0 - \mathcal{A}F)}}{Z(\beta)} \tag{8.33}$$

を用いて，

$$Z(\beta) = \mathrm{Tr}\, \mathrm{e}^{-\beta(\mathcal{H}_0 - \mathcal{A}F)} \tag{8.34}$$

のFの微分から求められる。すなわち，Fの1次の微分から演算子$\mathcal{A}$の期待値（平均）$A = \langle \mathcal{A} \rangle$は

$$A = \langle \mathcal{A} \rangle \equiv \mathrm{Tr}\, \mathcal{A}\rho(\beta) = \frac{d}{d(\beta F)} \log Z(\beta) \tag{8.35}$$

という公式で与えられる。これをさらに，外力Fで1次まで展開すると，

$$A = \langle \mathcal{A} \rangle_0 + \chi_{AA} F; \qquad \chi_{AA} = \int_0^\beta \langle \mathcal{A}\mathcal{A}(\mathrm{i}\hbar\lambda) \rangle_0 d\lambda - \beta \langle \mathcal{A} \rangle_0^2 \tag{8.36}$$

となる（補遺11参照）。ただし，$\langle \cdots \rangle_0$は外力のないときのカノニカル平均を表し，

$$\mathcal{A}(i\hbar\lambda) = e^{-\lambda\mathcal{H}_0}\mathcal{A}e^{\lambda\mathcal{H}_0} \tag{8.37}$$

とおいた。とくに，$\mathcal{A}$ と $\mathcal{H}_0$ が可換なとき，すなわち $\mathcal{A}\mathcal{H}_0 = \mathcal{H}_0\mathcal{A}$ のときは，λ に関する積分が簡単になり，

$$\chi_{AA} = \frac{1}{k_B T}\left\langle\left(\mathcal{A} - \langle\mathcal{A}\rangle_0\right)^2\right\rangle_0 \tag{8.38}$$

と書ける。すなわち，外力 F に共役な物理量 $\mathcal{A}$ の線形応答（係数）は外力のないときの $\mathcal{A}$ のゆらぎで表される。これはたいへん一般的な結論である。これは非平衡系にも拡張できる[1]~[7]。

また，式 (8.26) と (8.30) より，$Z(\beta)$ を消去すると，密度行列 ρ は，系のヘルツホルム自由エネルギー F とハミルトニアン $\mathcal{H}$ を用いて

$$\rho(\beta) = e^{-\beta(\mathcal{H}-F)} \tag{8.39}$$

と表せる。この表式を用いると，自由エネルギー F の式 (8.17) を S について解いた式に出てくるエネルギー E が

$$E = \int_0^\infty EP(E) = \sum_j E_j P(E_j) = \sum_j e^{-\beta(E_j - F)} E_j$$
$$= \mathrm{Tr}\,\mathcal{H}e^{-\beta(\mathcal{H}-F)} = \mathrm{Tr}\,\mathcal{H}\rho(\beta)$$
$$= \mathrm{Tr}\left[\left(F - k_B T \log\rho(\beta)\right)\rho(\beta)\right] = F - k_B T\,\mathrm{Tr}\,\rho(\beta)\log\rho(\beta) \tag{8.40}$$

と表せることから，式 (8.29) より

$$S = -k_B\,\mathrm{Tr}\,\rho(\beta)\log\rho(\beta) \tag{8.41}$$

というエントロピー S に関する重要な公式が導ける。次章で，輸送現象におけ

142   第8章　統計力学と変分原理

るエントロピー生成と不可逆性を導くときにも[5]重要になる。ここまでで量子系を統計力学的に扱う一般論の説明は終わる。

8.7　よく使われる統計力学の変分公式とその応用

正のエルミート演算子A, Bに対して，次のクライン（O. B. Klein）の不等式

$$\mathrm{Tr}\, A \log B - \mathrm{Tr}\, A \log A \leq \mathrm{Tr}\, B - \mathrm{Tr}\, A \tag{8.42}$$

が成り立つ[4]。この不等式は，$\log x \leq x - 1\,(x > 0)$より容易に導ける。すなわち，$A$と$B$の固有値がそれぞれ$\{A_n\}$, $\{B_q\}$, となる基底ベクトルを$\{|n\rangle\}$, $\{|q\rangle\}$とすると，$\sum_q |\langle n|q \rangle|^2 = 1$より

$$\mathrm{Tr}\, A \log B - \mathrm{Tr}\, A \log A = \sum_{n,q} |\langle n|q \rangle|^2 A_n \log \frac{B_q}{A_n}$$
$$\leq \sum_{n,q} |\langle n|q \rangle|^2 (B_q - A_n) = \mathrm{Tr}\, B - \mathrm{Tr}\, A \tag{8.43}$$

が成り立つ。

この変分公式を応用すれば，式(8.12)の変分原理を演算子による定式化に移すことができる[4]。その他，統計力学の近似的計算にもこの不等式はよく利用される[4]。たとえば，与えられた系のハミルトニアン$\mathcal{H}$が厳密に解くことはできないとき，物理的にそれに近い，より扱いやすい（解ける）ハミルトニアン$\mathcal{H}_\lambda$で近似することを考える。ここで，λは変分パラメーターである。この近似系の密度行列ρ_λ，すなわち，

$$\rho_\lambda = \mathrm{e}^{-\beta(\mathcal{H}_\lambda - F_\lambda)}; \qquad F_\lambda = -k_\mathrm{B} T \log \mathrm{Tr}\, \mathrm{e}^{-\beta \mathcal{H}_\lambda} \tag{8.44}$$

ともとの系の（対応する）密度行列ρに対して，不等式(8.42)を適用すると，規格化条件$\mathrm{Tr}\, \rho_\lambda = \mathrm{Tr}\, \rho = 1$より，

$$-\mathrm{Tr}\,\rho_\lambda \log \rho_\lambda \le -\mathrm{Tr}\,\rho_\lambda \log \rho \tag{8.45}$$

となり，これを変形すると，

$$F_\lambda + \left\langle \mathcal{H} - \mathcal{H}_\lambda \right\rangle_\lambda \ge F \tag{8.46}$$

という変分公式が求まる。ただし，$\left\langle \cdots \right\rangle_\lambda$ は，近似ハミルトニアン $\mathcal{H}_\lambda$ を用いた近似系の密度行列 ρ_λ に関するカノニカル平均であり，式 (8.46) の左辺は解析的に計算可能となる（これが実行可能になるように $\mathcal{H}_\lambda$ を選ぶのである）。上の変分不等式からわかるように，式 (8.46) の近似的自由エネルギー F_λ とその補正 $\left\langle \mathcal{H} - \mathcal{H}_\lambda \right\rangle_\lambda$ との和が最小になるように，変分パラメーター λ，すなわち変分ハミルトニアン $\mathcal{H}_\lambda$ を選ぶことにより，この定式化の範囲内で最適の近似解が求まることになる。エネルギーの補正 $\left\langle \mathcal{H} - \mathcal{H}_\lambda \right\rangle_\lambda$ が ε のオーダーの場合，式 (8.46) の両辺の差は ε^2 のオーダーとなることが示せる。上の不等式は平均場理論をつくるときにも用いられる。この変分公式を相転移の理論に応用する方法を次に説明する。

8.8　変分原理による平均場理論の定式化

相転移現象を統計力学的に研究するさいに用いられるもっとも簡単な系は，次のハミルトニアンで記述されるイジング模型である：

$$\mathcal{H} = -\frac{1}{2}\sum_{i,j} J_{ij} S_i S_j - \mu \sum_i H_i S_i \tag{8.47}$$

ここで，スピン（小磁石）の2つの向きに対応して，$S_i = 1$ または $S_i = -1$ の2つの値をとるものとする。また，i, j は格子点を表し，J_{ij} は格子点 i のスピン S_i と格子点 j のスピン S_j との相互作用の強さを表し，$J_{ij} > 0$ のとき強磁性的であり，2つのスピン S_i と S_j は同じ向きをとろうとする。$J_{ij} < 0$ のときは逆に向き，

144 第8章 統計力学と変分原理

反強磁性的である。この系は，J_{ij} が隣りどうしの格子点でのみゼロでない値 J をもち，その他の J_{ij} がゼロの場合でも，厳密に解くのは一般には困難である。解けるのは，1次元と2次元（すべての $H_i = 0$ のときのみ）の場合に限られる。そこで，現実的な3次元系を研究する場合には，何らかの近似的とり扱いが必要になる。その中で標準的な近似理論は平均場理論である。それは，1つのスピンに着目し，それ以外のスピンは，ならして平均の値におき換え，有効的に1個のスピンの問題におき換える方法である。そのさい，どのように平均場をつくるかによっていろいろなレベルの平均場理論がつくれる[3),4)]。

ここでは，変分原理，すなわち，変分公式(8.46)を用いる方法を簡単に紹介する[4)]。近似ハミルトニアン $\mathcal{H}_\lambda$ としては，いちばん簡単な互いに独立な（相互作用のない）系を使うことにする：

$$\mathcal{H}_\lambda = -\mu \sum_i \lambda_i S_i \tag{8.48}$$

この系の状態和 Z_λ は簡単に求まり，

$$Z_\lambda = \prod_i \left(e^{\beta\mu\lambda_i} + e^{-\beta\mu\lambda_i} \right) = \prod_i \left(2\cosh\left(\beta\mu\lambda_i\right) \right) \tag{8.49}$$

となり，対応する自由エネルギー F_λ は

$$F_\lambda = -k_{\mathrm{B}}T \sum_i \log\left(2\cosh\left(\beta\mu\lambda_i\right) \right) \tag{8.50}$$

と容易に求まる。したがって，この近似でのスピンの期待値（平均値）$s_i \equiv \langle S_i \rangle$ は

$$s_i = -\frac{1}{\mu}\frac{\partial F_\lambda}{\partial \lambda_i} = \tanh\left(\beta\mu\lambda_i\right) \equiv \frac{e^{\beta\mu\lambda_i} - e^{-\beta\mu\lambda_i}}{e^{\beta\mu\lambda_i} + e^{-\beta\mu\lambda_i}} \tag{8.51}$$

と与えられる。上式の最後の式をわざわざ書き添えたのは，その物理的意味を理解し，直接求めることができることを示すためである。すなわち，$S_i = 1$ と

なる確率が$e^{\beta\mu\lambda_i}$に比例し，$S_i = -1$となる確率が$e^{-\beta\mu\lambda_i}$に比例することからすぐ理解できる。これらを用いると，変分公式 (8.46) の左辺の第2項は，ただちに

$$\left\langle \mathcal{H} - \mathcal{H}_\lambda \right\rangle_\lambda = -\frac{1}{2}\sum_{i,j}J_{ij}s_i s_j - \mu\sum_i\left(H_i - \lambda_i\right)s_i \tag{8.52}$$

と求まる。式 (8.46) の左辺を最小にするλ_iを求め，式 (8.51) を用いると，$s_i = \langle S_i \rangle$に関する閉じた方程式

$$s_i = \tanh\left(\beta\mu H_i + \beta\sum_j J_{ij}s_j\right) \tag{8.53}$$

が求まる。上式の右辺のかっこの中の第2項が平均場になっている。この意味で，上の理論は平均場理論である。

　上の連立方程式を任意の$\{H_i\}$と$\{J_{ij}\}$に対して解けば，各点の磁化の強さがわかる。とくに，一様な磁場$H_i = H$と一様な相互作用$J_{ij} = J$（iとjが最隣接格子点のとき）に対しては，$s_i = s$に関する方程式

$$s = \tanh\left(\beta\mu H + \beta z J s\right) \tag{8.54}$$

が得られる。ただし，zは最隣接格子点の数を表す。外場Hが小さく，しかも$T > T_c$（相転移点）ではsも小さいので，$\tanh x \fallingdotseq x$という近似をすると，式 (8.54) より

$$m \equiv \mu s = \chi_0(T)H = \frac{\mu^2}{k_B\left(T - T_c\right)} \;;\quad \chi_0 = \frac{\beta\mu^2}{1 - \beta z J} \tag{8.55}$$

というキュリー−ワイス則が導ける。ただし，相転移点T_cは$T_c = zJ/k_B$で与えられる。したがって，χ_0の臨界指数γは平均場近似では，よく知られているように$\gamma = 1$となる。さらに，式 (8.54) で$H = 0$とおいて，$\tanh x = x - x^3/3$と3次まで展開すると，$T < T_c$では，sは

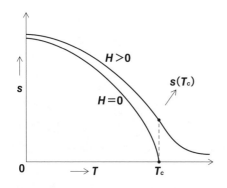

〈図8.2〉秩序パラメーター(磁化)sの温度変化

$H=0$のときは，相転移点T_c以上ではつねに$s=0$であり，$T<T_c$になると自発的にゼロでない値(自発磁化)をもち始める。また，$H\neq 0$では，sはTのなめらかな関数となる。

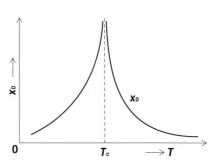

〈図8.3〉応答係数(磁化率)x_0の温度変化

それは(ゆらぎは)相転移点T_cで系が不安定になるため無限に大きくなる(発散する)。

$$s \sim (T_c - T)^\beta; \quad \beta = \frac{1}{2} \tag{8.56}$$

のような臨界的なふるまいをすることがわかる。$T=T_c$で，$H\neq 0$に対して式(8.54)の漸近的ふるまいを調べると，

$$s(T_c) \sim H^{1/\delta}; \quad \delta = 3 \tag{8.57}$$

となることがわかる。こうして，前章のランダウ理論の結果(7.37)と一致する臨界指数の組$(\gamma,\ \beta,\ \delta) = (1,\ 1/2,\ 3)$が求まる。自発磁化($H=0$に対する$s$)や磁化率$\chi_0$などの相転移点での近似の様子を〈図8.2〉や〈図8.3〉に示した。式(8.53)はスピングラスのようなランダムスピン系にも適用できる[3),8),9)](補遺12参照)。

上の平均場近似ではとり込めなかったゆらぎの効果により，実際の系の臨界指数は，上で求めた値$(1,\ 1/2,\ 3)$からずれてくる。それらを精密に評価する

方法としてくり込み群の方法[5]やコヒーレント異常法[3],[6]（系統的に平均場近似をいくつかつくり，それらを包絡線的に統合するメタ近似法）などが開発されている。

8.9 統計力学の特徴

以上説明したとおり，変分原理は統計力学そのものを定式化するにも重要な役割を果たす。また，統計力学を応用するにも変分的とり扱いが役立つ。これはゆらぎの中から確率のもっとも大きな現象を理論的にとらえて自然現象を理解する処法を与える。

統計力学はまさに
偶然と必然の織りなす世界を扱う学問である。

次章から，非平衡統計力学の変分原理[3],[4],[7]を不可逆性とエントロピー生成を中心にして解説する。とくに，電気伝導や熱伝導のような不可逆な輸送現象のエントロピー生成をフォン・ノイマン方程式の解の対称成分から導く[7]。また次章では，不可逆定常な非線形輸送現象の変分原理を紹介する[7]。さらに，この新変分原理を用いてプリゴジン（Ilya Prigogine）らの提唱した仮説「定常系の発展規準」を導く。

補遺11：指数演算子 e^{A+xB} のテイラー展開に関する従来の導出法

まず，非可換演算子の関数 $A(x)$ に対する次の恒等式

$$
\begin{aligned}
\frac{\mathrm{d}}{\mathrm{d}x}e^{\beta A(x)} &= \int_0^\beta e^{(\beta-\lambda)A(x)}A'(x)e^{\lambda A(x)}\mathrm{d}\lambda \\
&= \int_0^\beta e^{\lambda A(x)}A'(x)e^{(\beta-\lambda)A(x)}\mathrm{d}\lambda
\end{aligned}
\tag{A11.1}
$$

148   第8章　統計力学と変分原理

を証明する[3]。ただし，$A'(x) = \mathrm{d}A(x)/\mathrm{d}x$であり，これは，$A(x)$とは，一般に非可換である。式（A11.1）の第1等式を証明するには，両辺に左から$\mathrm{e}^{-\beta A(x)}$をかけて，その差をβで微分したものがゼロであることを示せばよい。すなわち，

$$
\frac{\mathrm{d}}{\mathrm{d}\beta}\left\{\mathrm{e}^{-\beta A(x)}\frac{\mathrm{d}}{\mathrm{d}x}\mathrm{e}^{\beta A(x)} - \int_0^\beta \mathrm{e}^{-\lambda A(x)}A'(x)\mathrm{e}^{\lambda A(x)}\mathrm{d}\lambda\right\}
$$
$$
= \mathrm{e}^{-\beta A(x)}\left(-A(x)\right)\frac{\mathrm{d}}{\mathrm{d}x}\mathrm{e}^{\beta A(x)}
$$
$$
+ \mathrm{e}^{-\beta A(x)}\left(A'(x)\mathrm{e}^{\beta A(x)} + A(x)\frac{\mathrm{d}}{\mathrm{d}x}\mathrm{e}^{\beta A(x)}\right) - \mathrm{e}^{-\beta A(x)}A'(x)\mathrm{e}^{\beta A(x)}
$$
$$
= 0 \tag{A11.2}
$$

であり，上式の $\{\cdots\}$ の中は，$\beta = 0$でゼロになるから，（A11.1）の第1等式が証明される。第2等式も同様に，両辺に今度は右から$\mathrm{e}^{-\beta A(x)}$をかけて証明できる。とくに，$A(x) = -(\mathcal{H}_0 - \mathcal{A}F)$とおけば，

$$
\frac{\mathrm{d}}{\mathrm{d}F}\mathrm{e}^{-\beta(\mathcal{H}_0 - \mathcal{A}F)} = \int_0^\beta \mathrm{e}^{-(\beta-\lambda)\mathcal{H}_0}\mathcal{A}\mathrm{e}^{-\lambda\mathcal{H}_0}\mathrm{d}\lambda
$$
$$
= \mathrm{e}^{-\beta\mathcal{H}_0}\int_0^\beta \mathcal{A}(-\mathrm{i}\hbar\lambda) \tag{A11.3}
$$

が得られる。ただし，

$$
\mathcal{A}(-\mathrm{i}\hbar\lambda) = \mathrm{e}^{\lambda\mathcal{H}_0}\mathcal{A}\mathrm{e}^{-\lambda\mathcal{H}_0} \tag{A11.4}
$$

とおいた。したがって，

$$
\mathrm{e}^{-\beta(\mathcal{H}_0 - \mathcal{A}F)} = \mathrm{e}^{-\beta\mathcal{H}_0}\left(1 + F\int_0^\beta \mathcal{A}(-\mathrm{i}\hbar\lambda)\mathrm{d}\lambda + \cdots\right) \tag{A11.5}
$$

と外力Fで展開できる[2]。これは，第5章の量子解析で導いた量子テイラー展開から一般的に導出できる。よって，

$$A = \langle \mathcal{A} \rangle = \frac{\mathrm{Tr}\, \mathcal{A} e^{-\beta(\mathcal{H}_0 - \mathcal{A}F)}}{\mathrm{Tr}\, e^{-\beta(\mathcal{H}_0 - \mathcal{A}F)}}$$

$$= \frac{\mathrm{Tr}\, \mathcal{A} e^{-\beta \mathcal{H}_0} + \mathrm{Tr}\, \mathcal{A} e^{-\beta \mathcal{H}_0} \int_0^\beta \mathcal{A}(-i\hbar\lambda)\mathrm{d}\lambda \cdot F + \cdots}{\mathrm{Tr}\, e^{-\beta \mathcal{H}_0} + \mathrm{Tr}\, e^{-\beta \mathcal{H}_0} \int_0^\beta \mathcal{A}(-i\hbar\lambda)\mathrm{d}\lambda \cdot F + \cdots}$$

$$= \frac{\langle \mathcal{A} \rangle_0 + \int_0^\beta \langle \mathcal{A}(-i\hbar\lambda)\mathcal{A} \rangle \mathrm{d}\lambda \cdot F + \cdots}{1 + \beta \langle \mathcal{A} \rangle_0 \cdot F + \cdots}$$

$$= \langle \mathcal{A} \rangle_0 + F\left(\int_0^\beta \langle \mathcal{A}\mathcal{A}(i\hbar\lambda) \rangle_0 \mathrm{d}\lambda - \beta \langle \mathcal{A} \rangle_0^2 \right) + \cdots \tag{A11.6}$$

となり，式 (8.36) が導出される。

補遺12：スピングラスの臨界現象（非線形磁化率 χ_2 の発散[3),8)]）

　相互作用 J_{ij} がランダムに分布しているスピン系では，低温になっても磁化はゼロがあるが，ある温度以下になると，スピンがランダムな方向に凍結したスピングラス相が現れる。この相は j 格子点のスピン s_j の熱平均 $\langle s_j \rangle$ の2乗の J に関するランダム平均

$$q = \left\langle \langle s_j \rangle^2 \right\rangle_J \tag{A12.1}$$

で与えられる。式 (8.53) の2乗平均をとり，$\langle J_{ij} \rangle_J = 0$，$\langle J_{ij}^2 \rangle_J = J^2$ とおくと，最低次の近似では，$H_i = H$（一定）として，

$$q = \left(\beta\mu H \right)^2 + \beta^2 J^2 zq \tag{A12.2}$$

となる。ただし，z は最隣接格子点の数を表す。

こうして，

$$q = \frac{\left(\mu/k_{\mathrm{B}}\right)^2}{T^2 - \left(zJ^2/k_{\mathrm{B}}^2\right)} H^2 \equiv \chi_{\mathrm{s}}(T) H^2 \tag{A12.3}$$

が得られる。スピングラス応答関数 $\chi_{\mathrm{s}}(T)$ は，スピングラス転移温度

$$T_{\mathrm{sg}} = \frac{\sqrt{z}\,J}{k_B} \tag{A12.4}$$

で発散する：

$$\chi_{\mathrm{s}}(T) \propto \frac{1}{\left(T - T_{\mathrm{sg}}\right)^{\gamma_{\mathrm{s}}}}; \qquad \gamma_{\mathrm{s}} = 1 \tag{A12.5}$$

転移温度以下（$T < T_{\mathrm{sg}}$）では，$H = 0$ とおくと，式（A12.2）の右辺に q^2 のオーダーの項がつけ加わり，ゼロでない解 q_{s} が現れ，その温度依存性は

$$q_{\mathrm{s}} \propto \left(T_{\mathrm{sg}} - T\right)^{\beta_{\mathrm{s}}}; \qquad \beta_{\mathrm{s}} = 1 \tag{A12.6}$$

となる。ちょうど $T = T_{\mathrm{sg}}$ では，q の定義式（A12.1）を用いると，磁化 $m = \mu\langle\langle s_i\rangle\rangle_J$ より

$$m_{\mathrm{c}} \sim q_{\mathrm{c}}^{1/2} \propto H^{1/\delta_{\mathrm{s}}}; \qquad \delta_{\mathrm{s}} = 2 \tag{A12.7}$$

という関係が導かれる。スピングラスの平均場近似による臨界指数の組（γ_{s}, β_{s}, δ_{s}）は（1, 1, 2）となり，通常の磁気転移とは異なるユニバーサルクラスになることがわかる。これは，スピングラスの秩序パラメーターの対称性（even）が磁気秩序の対称性（odd）と異なるためである[3),8),9)]。

また，上に議論した状態方程式（m, q を温度 T と磁場 H の関数とする式）を物理的に意味の最低次まで展開すると，$\chi_0(T) = \mu_{\mathrm{B}}^2/k_{\mathrm{B}}T$ として，

$$m \equiv \mu\langle s\rangle = \chi_0(T)H + \chi_2(T)H^3 + \cdots \tag{A12.8}$$

の形になり，非線形帯磁率 $\chi_2(T)$ が

$$\chi_2(T) \propto -\chi_s(T) \propto -\frac{1}{(T-T_{sg})^{\gamma_s}} \tag{A12.9}$$

のように，転移点 T_{sg} で負に発散することがわかる[8]。これは，ランダウの現象論をスピングラス相転移に拡張し，理論的に筆者によって指摘され[8]，後に都[10]たちによって実験的に確認された。

参考文献

1) 鈴木増雄：「変分原理と物理学」，パリティ 2012 年 4 月号より連載.

2) 久保亮五：『統計力学』共立全書(1990).

3) 鈴木増雄：『統計力学』岩波書店(2000)岩波オンデマンドブックス(2016 年 1 月).

4) M. L. Bellac, F. Mortessagne and G. G. Batrouni：『統計物理学ハンドブック——熱平衡から非平衡まで——』(鈴木増雄，豊田正，香取眞理，飯高敏晃，羽田野直道訳)朝倉書店(2007). 不等式 (8.42)の証明に関しては 56 頁参照.

5) 江沢洋，渡辺敬二，鈴木増雄，田崎晴明：『くり込み群の方法』岩波書店(2012).

6) 鈴木増雄：『相転移の超有効場理論とコヒーレント異常法』物理学最前線 29，大槻義彦編，共立出版(1992).

7) M. Suzuki：Physica A **390**, 1904(2011)；**391**, 1074(2012)および **392**, 314, 4279(2013). このシリーズの論文では，輸送現象のエントロピー生成と不可逆性に関する新しい見方・理論が展開されている．くわしくは次章で説明する.

8) M. Suzuki, Prog. Theor. Phys. **58**, 1151(1977).

9) Y. Hashizume, M. Suzuki, S. Okamura, Physica A **403**, 217(2014).

10) Y. Miyako, S. Chikazawa, T. Sato and T. Saito, J. Magn. Mag. Mat. **15-18**, 139(1980).

第9章

非平衡統計力学と変分原理

9.1 不可逆性とエントロピー生成

　熱平衡でない系はすべて非平衡系であるから，その一般的とり扱いは現実的ではなく無理である。まず，2つの重要な面に注目して議論する。1つは不可逆現象であること，もう1つは電気伝導や熱伝導などのように定常輸送現象であることである。これら2つの要件を満たす不可逆定常輸送現象[1]~[16]について，できるかぎり一般的な解説をしたい。

　前章で説明したとおり[1]，平衡統計力学を変分原理で扱うさいの基本概念はエントロピーそのもの(または，それに基づく自由エネルギー)であった[2),3)]。非平衡統計力学では，エントロピーの時間変化，すなわち，エントロピー生成が，変分原理で基本的な役割を果たす[2)~5)]。そこでここでは，不可逆性，すなわちエントロピー生成をブラウン運動の理論に基づいて説明する。さらに，オンサーガーの相反定理と変分原理を線形応答の範囲で解説する。

9.1.1 アインシュタインのブラウン運動の理論

　輸送現象とゆらぎとの関係についての歴史的な考察から始めることにする。1905年のアインシュタインのブラウン運動[2)]の論文を現代風に解釈して説明したい。思うに，アインシュタインの革新性は問題の設定の仕方・とらえ方にある。拡散と摩擦のような不可逆現象の本質をじつに簡単なモデルでとらえることに初めて成功し，アインシュタインは非平衡統計力学の'父'ともよばれ

154 　第9章　非平衡統計力学と変分原理

ている。ちなみに，1905年には，有名な特殊相対性理論と量子力学における光電効果の理論も発表した。

　さて，アインシュタインのブラウン運動の骨子は次のような線形の微分方程式（ランジュバン方程式，すなわち確率微分方程式）の物理的な解釈にある。質量mの粒子の速度$v(t)$に対して

$$m\frac{\mathrm{d}v(t)}{\mathrm{d}t} = -\zeta v(t) + \eta(t) \tag{9.1}$$

という方程式を考える。ここで，パラメーターζは粒子の受ける抵抗を表す摩擦係数である。また，$\eta(t)$は粒子に働くランダムな力であり，その平均$\langle\eta(t)\rangle$はゼロである：

$$\langle\eta(t)\rangle = 0 \tag{9.2}$$

さらに，このランダムな力$\eta(t)$を数学的に理想化して，異なる時刻tとt'における2つのランダムな力$\eta(t)$と$\eta(t')$の間にはまったく相関がないとする：

$$\langle\eta(t)\,\eta(t')\rangle = 0 \;; \qquad t \neq t' \tag{9.3}$$

これを数学では'白色ノイズ'とよぶ（フーリエ分解するとすべての振動数（色に対応）を同じように含む）。同時刻では，非常に強い平均値（数学的にはデルタ関数$\delta(t-t')$で表される）をもつとする。これと式(9.3)とをまとめて

$$\langle\eta(t)\,\eta(t')\rangle = 2\varepsilon\delta(t-t') \tag{9.4}$$

と書く。さらに，偶数次の高次の相関は上の2次の相関の積の和で表されるとする[2]。この性質をもつノイズを'ガウス的なノイズ'という。ここで，εはノイズの強さを表す。積分すると

$$\int_t^\infty \langle\eta(t)\,\eta(t')\rangle\,\mathrm{d}t' = \varepsilon \tag{9.5}$$

となる関係にある。（これを満たす$\eta(t)$はふつうの関数ではなく，'超関数'と

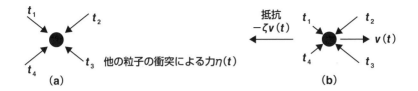

〈図9.1〉ブラウン運動におけるランダムな力 $\eta(t)$ と抵抗 $-\zeta v(t)$

(a) 速度 $v(t) = 0$ の場合には，粒子に衝突する他の粒子から受ける力は時間平均すると等方的になり，平均の力はゼロとなる．(b) 速度 $v(t)$ で x 方向に運動している場合には，図のように，$-x$ 方向の向きの力のほうが大きくなり，（少なくとも速度が小さいときは）速度に比例し $-x$ 方向に働く．

よばれる．）これだけの準備をすると，ランジュバン方程式 (9.1) の解のすべての次数の平均値を時間 t，ノイズの強さ ε，および初期値 $v(0)$ の関数として原理的にすべて求められる．しかし，これは，数学的な問題であって，物理としては，式 (9.1) をどう解釈するかにある．

まず，〈図9.1〉のように，着目しているブラウン粒子が x 方向に運動している場合には，静止しているときに加わるランダムな力 $\eta(t)$ のほかに余分に他の粒子から受ける衝撃力（一種の'ミクロな抵抗'）は，そのブラウン粒子の速度に比例して大きくなり，$-x$ 方向に働くと考えられる．それが式 (9.1) の右辺の第1項の力である．通常の抵抗は平均した巨視的な（マクロな）力である．ランダムな力 $\eta(t)$ は微視的（ミクロな）力である．ミクロな力とマクロな力が入ったセミマクロなブラウン運動の式 (9.1) において，これから述べるように，その2つの力が独立でなく互いに関係していると考えたところがすばらしいことであり，その後の非平衡統計力学を方向づけた．式 (9.1) の両辺の平均 $\langle\cdots\rangle$ をとると，式 (9.2) より，$\eta(t)$ の項は消えて，マクロな式

$$m\frac{\mathrm{d}}{\mathrm{d}t}\langle v(t)\rangle = -\zeta\langle v(t)\rangle \tag{9.6}$$

が得られる．逆にいえば，式 (9.1) の右辺の第1項はマクロとセミマクロで同じ形になっている．これは，後に，オンサーガーが相反定理を現象論的に導い

たときにも使われた仮設（ansatz）である。そこで，この仮設をアインシュタイン-オンサーガーの仮設と筆者はよぶことにしている[2]。

次に，抵抗係数ζとゆらぎの強さεとの関係を議論することにする。マクロとミクロの中間の（セミマクロな）ブラウン運動の式（9.1）の一見まったく異質な2つの項の間に密接な関係があることをアインシュタインは見抜いた。もともとランダムな力がなければ，ブラウン粒子が運動しても抵抗を受けない。抵抗の原因はランダムな力（ゆらぎ）の存在にあることに疑いはない。ゆらぎが大きいほど，受ける抵抗は大きくなると考えられる。その関係を求めるために，式（9.2）〜（9.5）を用いて，時間tが十分大きい極限で運動エネルギーの平均$(1/2)m\langle v^2(t)\rangle$を求めると，

$$\frac{1}{2}m\langle v^2(t)\rangle = \frac{\varepsilon}{2\zeta} \tag{9.7}$$

となる[2],[3]（補遺13参照）。ブラウン粒子もまわりの粒子と衝突しながら，温度Tの熱平衡状態にあると考えると，古典近似の等分配則$(1/2)m\langle v^2(t)\rangle = (1/2)k_{\mathrm{B}}T$が適用できる。したがって，抵抗係数$\zeta$は，ゆらぎの強さ$\varepsilon$に比例し，

$$\zeta = \frac{1}{k_{\mathrm{B}}T}\varepsilon \tag{9.8}$$

と書ける。これは揺動（ε）と散逸（ζ）との関係を与えるプロトタイプであり，このような関係を一般化したものを'揺動散逸定理'という。式（9.8）はノイズ$\eta(t)$の相関がデルタ関数で表されると理想化して導出されたが，それを積分形

$$\zeta = \frac{1}{k_{\mathrm{B}}T}\int_0^\infty \langle \eta(0)\eta(t)\rangle\,\mathrm{d}t \tag{9.9}$$

で表しておくと，それは白色ノイズ以外でも成り立つことが示せる。すなわち，'抵抗は熱平衡におけるゆらぎの時間相関関数の時間積分で与えられる'。

次に，式（9.1）から，速度$v(t)$の時間相関関数$\langle v(0)v(t)\rangle$を求めると，$t \geq 0$に対して，$\langle v(0)\eta(t)\rangle = 0$に注意して式（9.1）の両辺に$v(0)$をかけて平均をと

ると，

$$\langle v(0)v(t)\rangle = \langle v^2(0)\rangle e^{-\gamma t} = \frac{\varepsilon}{m^2\gamma} e^{-\gamma t} ; \qquad \gamma = \frac{\zeta}{m} \tag{9.10}$$

となる[2]（再び式（9.7）を用いた）。これより，粒子の移動度（輸送係数）$\mu(=1/\zeta)$ は

$$\mu = \frac{1}{k_{\mathrm{B}}T} \int_0^\infty \langle v(0)v(t)\rangle \mathrm{d}t \tag{9.11}$$

と表せる。抵抗を表す式（9.9）では，ノイズ（ランダムな力）の相関が用いられているが，輸送係数を表す式（9.11）は，輸送を担う速度の相関で表されているところに注意していただきたい。

9.1.2 電場中の荷電粒子のブラウン運動と電気抵抗

前項の粒子の拡散と抵抗係数の話ではぴんとこない方も多いであろう。そこで，粒子に電荷をもたせて，電場の中を流れる電流と電気抵抗の話に応用すればわかりやすいであろう[2]。電場 E の中での荷電粒子（電荷を e とする）のブラウン運動は，式（9.1）に電場 E による力 eE をつけ加えて，j 番目の荷電粒子の速度 $v_j(t)$ に対する方程式

$$m\frac{\mathrm{d}v_j(t)}{\mathrm{d}t} = -\zeta v_j(t) + \eta_j(t) + eE \tag{9.12}$$

で記述される[2]。ここで，単位体積あたりの荷電粒子の数（電荷密度）を n とし，単位面積あたりの電流（'ゆらいでいる電流'）を

$$j(t) = e\sum_{j=1}^{n} v_j(t) \tag{9.13}$$

によって定義する。この $j(t)$ に対する運動方程式は，式（9.13）の全体に e をかけて和をとると

158   第9章　非平衡統計力学と変分原理

$$m \frac{\mathrm{d}j(t)}{\mathrm{d}t} = -\zeta j(t) + e \sum_{j=1}^{n} \eta_j(t) + ne^2 E \tag{9.14}$$

となる。この平均$\langle \cdots \rangle$をとり，十分大きな時間$(t \to \infty)$に対する定常電流Jを求めると，式(9.2)などより

$$\zeta J = ne^2 E, \qquad \text{すなわち，} \qquad J = \frac{ne^2}{\zeta} E \equiv \sigma E \tag{9.15}$$

となる。こうして，電気伝導σは抵抗係数ζを用いて

$$\sigma = \frac{ne^2}{\zeta} = ne^2 \mu = \frac{ne^2}{m\gamma} \equiv \frac{ne^2}{m} \tau \tag{9.16}$$

と与えられる[2]。これは，より直観的には，荷電粒子の平均速度vを用いて

$$\begin{aligned}
\sigma &= \frac{(\text{電流密度})}{(\text{電場})} \\
&= \frac{nev}{E} = \frac{ne^2 v}{eE} = ne^2 \frac{v}{F} = ne^2 \mu
\end{aligned} \tag{9.17}$$

のように理解できる[2]。式(9.16)の最後の表式のτは荷電粒子が金属中の不純物や格子振動によって散乱を受けるまでの時間（緩和時間）を表す。この表式はよく知られた標準的な公式である[2],[3],[8]。こうして，式(9.11)，(9.13)および(9.17)より，$\langle v_j(0) v_k(t) \rangle = 0 (j \neq k)$などを用いると，電気伝導度$\sigma$は

$$\sigma = \frac{1}{k_{\mathrm{B}} T} \int_0^\infty \langle j(0) j(t) \rangle \mathrm{d}t \tag{9.18}$$

という公式で表せることになる[2],[8]。

　電流密度$j(t)$に関する'ブラウン運動'の表式(9.14)は筆者の最初に提出した問題に対して答えやすい表式になっている。式(9.14)の抵抗の部分$-\zeta j(t)$は電流密度というセミマクロな流れに対する力になっており，ノイズの項は個々

の荷電粒子に働くミクロな力の和になっている。

後で述べる輸送係数の量子力学的表式である久保公式[7),8)]は，古典的表式
(9.18)の一般化になっている。しかし，アインシュタインのブラウン運動の理
論を荷電粒子に拡張して電気伝導度の古典的表式(9.18)を導く話[2)]は，久保の
一般論[7),8)]や中野[9)]の理論が現れてからの後追いの説明であることを強調して
おきたい。もし，アインシュタインの拡散の理論を知ってすぐに電気伝導の
公式(9.18)に気づいたならば，非平衡統計力学はもっと急速に発展していたこ
とであろう。重要な研究が直線的に進むことはまれである。いずれにしても，
以上の議論は外力が小さい線形応答の話である。

9.1.3 オンサーガーの相反定理と変分原理(エントロピー生成最小の原理)

線形応答の範囲で外力が$F_1, F_2, \cdots, F_r$と複数ある場合には，流れ$J_1, J_2, \cdots, J_r$
は

$$J_i = \sum_{k=1}^{r} L_{ik} F_k \tag{9.19}$$

のように輸送係数$\{L_{ik}\}$を用いて一般的に表される。1変数の場合を拡張する
と，これらの輸送係数は現象論的に

$$L_{ik} = \frac{1}{k_\mathrm{B} T} \int_0^\infty \langle j_i(0) j_k(t) \rangle \, \mathrm{d}t \tag{9.20}$$

と表せる。平均$\langle \cdots \rangle$は，外力のない平衡系での平均であるから，時間反転に
関して対称的である：

$$\begin{aligned}
\langle j_k(0) j_i(t) \rangle &= \langle j_k(0) j_i(-t) \rangle \\
&= \langle j_k(t) j_i(0) \rangle \\
&= \langle j_i(0) j_k(t) \rangle
\end{aligned} \tag{9.21}$$

上式の第2の等号は定常性から導出される。こうして，輸送係数$\{L_{ik}\}$に関す
るオンサーガーの相反定理

160   第9章 非平衡統計力学と変分原理

$$L_{ik} = L_{ki} \tag{9.22}$$

が導出される。この相反定理は，応用上も役に立つ関係式であるが，それにも
増して変分原理をつくるのにも重要であった。線形応答のスキームでの変分関
数は，r種の（外力$F_1, F_2, \cdots, F_r$に対する）エネルギー散逸$J_1F_1, J_2F_2, \cdots, J_rF_r$
の総和としてのエネルギー散逸（または，エントロピー生成σ_S）

$$T\sigma_S \equiv \sum_{i=1}^{r} J_i F_i = \sum_{i,k}^{r} L_{ik} F_i F_k \tag{9.23}$$

である。（別々に $\{J_i F_i\}$ に変分原理を適用したのでは線形スキームでも正しい
結果は得られないことに注意すべきである。この注意は新しい変分原理[5]と対
照的である。）これは正値対称2次形式であるから，変分関数の条件を満たし[2]，
不等式$\sigma_S \geq 0$も満たしている。ちなみに，オンサーガーはこの相反定理の研究
で1968年にノーベル化学賞を受賞した。

9.1.4 電気伝導の変分原理に関するファインマンの例示

　輸送現象（不可逆定常状態）に関する変分原理は，光学や力学の変分原理に
比べてみかけの式は簡単なのに物理はわかりにくいと思われるので，ここで
ファインマンの例[10]を説明したい。〈図9.2〉のような直列に抵抗を並べた電気
回路の両端に電圧Vをかけたときに各抵抗に流れる電流$I_1, I_2, \cdots, I_n$が定常状態
ではどのようになるかという答え（$I_1 = I_2 = \cdots = I_n$）は中学生にもわかるたいへ
ん簡単な問題を，ファインマンはあえて変分原理を用いて解き，物理の奥深さ・
面白さを教えようとした[10]。

　さて，ジュール熱は

$$
\begin{aligned}
W &= \sum_{j=1}^{n} I_j V_j \\
&= \sum_{j=1}^{n-1} \frac{V_j^2}{R_j} + \frac{\left(V - V_1 - V_2 - \cdots - V_{n-1}\right)^2}{R_n}
\end{aligned} \tag{9.24}
$$

で与えられるので，これを最小にする条件から，$\partial W/\partial V_j = 0 \, (j = 1, 2, \cdots, n-1)$

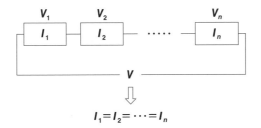

〈図9.2〉直列電気回路と変分原理
直列回路にジュール熱最小（エントロピー生成最小）という変分原理を用いて定電圧Vをかけたときに流れる定常電流$I_1, I_2, \cdots, I_n$を求めると，$I_1 = I_2 = \cdots = I_n$となる[5),10)]。

とおいて，オームの法則$V_j = I_j R_j (j = 1, 2, \cdots, n)$から容易に

$$I_1 = I_2 = \cdots = I_n \tag{9.25}$$

という結論に達する．変分原理の考え方としては，$\{I_j\}$のいろいろな値を与えてその中でエントロピー生成$\sigma_S = (dS/dt)_{irr} = W/T$がいちばん小さくなるような分布として，式(9.25)が得られるということである．物理としても，この変分計算の途中の分布の一部は，スイッチを入れた瞬間のきわめて短い時間には現れていると考えられる．このような時間に依存した不可逆現象を具体的に解析するのはたいへん面倒である[5)]．

9.1.5 変分原理を用いたホイートストンブリッジ電気回路の解析

〈図9.2〉で説明した電気回路はあまりにも簡単すぎる．ファインマンとは独立に筆者も統計力学の教科書に〈図9.3〉のような例で不可逆輸送現象を説明した[2)]．この例では，全体の電流を一定に与えて，各抵抗の電流・電圧分布をジュール熱最小（エントロピー生成最小）の変分原理から求める．すなわち，全体のジュール熱Wは

$$\begin{aligned} W &= I_1^2 R_1 + I_2^2 R_2 + I_3^2 R_3 + I_4^2 R_4 + I_5^2 R_5 \\ &= I_1^2 R_1 + (I - I_1)^2 R_2 + (I_1 - I_5)^2 R_3 + (I - I_1 + I_5)^2 R_4 + I_5^2 R_5 \end{aligned} \tag{9.26}$$

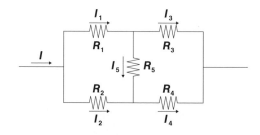

〈図9.3〉ホイートストンブリッジ電気回路と変分原理

この回路に定電流Iを回路全体に与えたときの各抵抗体の電流・電圧分布をジュール熱最小(エントロピー生成最小)という変分原理で求めると、キルヒホッフ(G. H. Kirchhoff)の法則を導くことができる[2),5)]。これは〈図9.2〉の問題とは双対的である。

となる。ただし、この定式化では、ファインマンとは違って電流の保存則(キルヒホッフの第1法則)、すなわち、$I_2 = I - I_1$, $I_3 = I_1 - I_5$, $I_4 = I_2 + I_5 = I - I_1 + I_5$を用いた。変分原理より、

$$\frac{\partial W}{\partial I_1} = 0, \quad \frac{\partial W}{\partial I_5} = 0 \tag{9.27}$$

という条件を求めると、$I_1 R_1 + I_3 R_3 = I_2 R_2 + I_4 R_4$などのキルヒホッフの第2法則が導出される[2)]。この意味で、これはファインマンの例とは双対的な関係にある。いずれにしても、このようになじみのある不可逆的な輸送現象が、線形の範囲ではあるが[2)]、変分原理で扱うことができるのはたいへん興味深いことである。

9.2 線形非平衡現象におけるエントロピー生成のミクロな理論

ここでは、輸送現象における不可逆性、すなわちエントロピー生成[1)~5)]をミクロな物理の法則(ニュートン力学、電磁気学、量子力学、…)から(第1原理的に)導く理論[5)]をくわしく説明する。

9.2.1 フォン・ノイマン方程式（時間に依存した密度行列 $\rho(t)$ に関する方程式）

熱平衡状態は，古典系では確率分布関数 P_{eq} を用いて表され，量子系では密度行列 ρ_{eq} ($\equiv \rho_0$) を用いて表される。非平衡系は，時間に依存した確率分布関数 $P(t)$ や密度行列 $\rho(t)$ を用いて表される[2),3)]。とくに，量子系に対するハミルトニアン $\mathcal{H}(t)$ が与えられているときには，密度行列 $\rho(t)$ は次のフォン・ノイマン方程式に従う[2),3)]。

$$\mathrm{i}\hbar\frac{\partial}{\partial t}\rho(t) = \left[\mathcal{H}(t), \rho(t)\right] \tag{9.28}$$

これは，系の状態ベクトル $|\psi(t)\rangle$ に関するシュレーディンガー方程式

$$\mathrm{i}\hbar\frac{\partial}{\partial t}|\psi(t)\rangle = \mathcal{H}(t)|\psi(t)\rangle \tag{9.29}$$

に，初期時刻 $t = 0$ における統計分布則 $\rho(0)$ を考慮することにより容易に導ける[2)]。

9.2.2 $\rho(t)$ の時間微分と量子微分

ここでは，フォン・ノイマン方程式の特徴を量子解析の視点で議論する。式 (9.28) の右辺の交換関係は微分におけるライプニッツ則

$$\frac{\mathrm{d}}{\mathrm{d}x}\big(f(x)g(x)\big) = \frac{\mathrm{d}f(x)}{\mathrm{d}x}g(x) + f(x)\frac{\mathrm{d}g(x)}{\mathrm{d}x} \tag{9.30}$$

と同形の関係式（行列などの演算子 $A,\ B$ に関する内部微分 $\delta_{\mathcal{H}}$ の関係式）

$$\begin{aligned}\delta_{\mathcal{H}}(AB) &\equiv [\mathcal{H}, AB] = [\mathcal{H}, A]B + A[\mathcal{H}, B]\\ &= (\delta_{\mathcal{H}}A)B + A\delta_{\mathcal{H}}B\end{aligned} \tag{9.31}$$

を満たすので，式 (9.28) の左辺の時間微分とよく整合している。すなわち，$\rho(t)$ の時間微分は，$\rho(t)$ の（時間に共役なエネルギーを表すハミルトニアン）

164   第9章 非平衡統計力学と変分原理

$\mathcal{H}(t)$に関する量子微分[6]で表される（直積空間の密度行列を考えるとよくわか
る。よりくわしくは量子解析[2],[6]を参照してほしい）。しかも，フォン・ノイ
マン方程式(9.28)は今後の議論の出発点になる基本法則である。

9.2.3 久保の線形応答理論と非線形輸送現象への拡張

　古典的な輸送係数を量子力学的に導くために，フォン・ノイマン方程式(9.28)
から出発する[7)~10),12)~15)]。電場Eのような外力$F(t)$に共役な演算子をAと
すると，系のハミルトニアン$\mathcal{H}(t)$は

$$\mathcal{H}(t) = \mathcal{H}_0 - A \cdot F(t) \equiv \mathcal{H}_0 + \mathcal{H}_1(t) \tag{9.32}$$

電場Eに共役なAは

$$A = e\sum_j r_j \tag{9.33}$$

で与えられる。（なぜなら，座標rにある電荷eの粒子の電場E中での電気エネ
ルギーは$(-er \cdot E)$で与えられるからである。）電流のような流れの平均値$J(t)$
は

$$J(t) = \text{Tr}\,\dot{A}\rho(t) \tag{9.34}$$

で与えられる。電場だけでなく，温度差(熱界[5])などベクトル的な外力に共役
な演算子Aも外力Fとの内積がスカラーになることから，空間反転$r \to -r$に
対して反対称である$(A \to -A)$。さらに，外力を一定にして$A \to -A$とすると，
$\mathcal{H}_1(t) \to -\mathcal{H}_1(t)$となる。

　さて，フォン・ノイマン方程式(9.28)の解の密度行列$\rho(t)$を$F(t)$で展開し，

$$\rho(t) = \rho_0 + \rho_1(t) + \rho_2(t) + \cdots + \rho_n(t) + \cdots \tag{9.35}$$

のように書くと，偶数項$\rho_{2n}(t)$は対称であり，奇数項$\rho_{2n-1}(t)$は反対称である。
そこで，密度行列$\rho(t)$を対称性によって2つに分ける：

$$\rho(t) = \rho_{対称}(t) + \rho_{反対称}(t) \tag{9.36}$$

ただし,

$$\rho_{対称}(t)=\rho_0+\rho_2(t)+\cdots+\rho_{2n}(t)+\cdots \tag{9.37}$$

および

$$\rho_{反対称}(t)=\rho_1(t)+\rho_3(t)+\cdots+\rho_{2n-1}(t)+\cdots \tag{9.38}$$

である。流れ $\dot{\boldsymbol{A}} \equiv \boldsymbol{j}$ の平均値 $\boldsymbol{J}(t)$ は

$$\boldsymbol{J}(t)=\mathrm{Tr}\,\boldsymbol{j}\rho(t)=\mathrm{Tr}\,\dot{\boldsymbol{A}}\rho_{反対称}(t)=\mathrm{Tr}\,\dot{\boldsymbol{A}}\rho_1(t)+\cdots \tag{9.39}$$

と書ける。対称成分 $\rho_{対称}(t)$ は流れには寄与しない。したがって,線形応答のスキームでの流れは,1次の項 $\rho_1(t)$ を用いて

$$\boldsymbol{J}_{線形}(t)=\mathrm{Tr}\,\dot{\boldsymbol{A}}\rho_1(t)=\sigma\boldsymbol{F} \tag{9.40}$$

と表せる。ただし,簡単のために $\boldsymbol{F}(t)=\boldsymbol{F}$(時間によらない外力)とした。電気伝導度 σ は量子効果のために λ 積分が現れて,$t\to\infty$ の定常状態では,

$$\sigma=\int_0^\infty \mathrm{d}t\,\mathrm{e}^{-\varepsilon t}\int_0^\beta \mathrm{d}\lambda\left\langle \boldsymbol{j}(-\mathrm{i}\hbar\lambda)\boldsymbol{j}(t)\right\rangle_{\mathrm{eq}} \tag{9.41}$$

となる[7]~[9]。ただし,$\mathrm{e}^{-\varepsilon t}$ は収束因子である($\varepsilon>0$ かつ $\varepsilon\to+0$ とする)。ここで,$\dot{\boldsymbol{A}}=(\mathrm{i}/\hbar)[\mathcal{H}_0,\boldsymbol{A}]$,$\boldsymbol{j}(-\mathrm{i}\hbar\lambda)$ の定義

$$\boldsymbol{j}(-\mathrm{i}\hbar\lambda)=\mathrm{e}^{\lambda\mathcal{H}_0}\boldsymbol{j}\mathrm{e}^{-\lambda\mathcal{H}_0} \tag{9.42}$$

および恒等式

$$\begin{aligned}
\left[A,\mathrm{e}^{-\beta\mathcal{H}}\right]&=\mathrm{e}^{-\beta\mathcal{H}}\int_0^\beta \mathrm{e}^{\lambda\mathcal{H}}[\mathcal{H},A]\mathrm{e}^{-\lambda\mathcal{H}}\mathrm{d}\lambda\\
&=\frac{\hbar}{\mathrm{i}}\mathrm{e}^{-\beta\mathcal{H}}\int_0^\beta \mathrm{e}^{\lambda\mathcal{H}}\dot{\boldsymbol{A}}\mathrm{e}^{-\lambda\mathcal{H}}\mathrm{d}\lambda=\frac{\hbar}{\mathrm{i}}\mathrm{e}^{-\beta\mathcal{H}}\int_0^\beta \dot{\boldsymbol{A}}(-\mathrm{i}\hbar\lambda)\mathrm{d}\lambda
\end{aligned} \tag{9.43}$$

を用いた。ただし,上の恒等式は $\mathcal{H}=\mathcal{H}_0$ に対して用いた。

明らかに,$\hbar\to0$ の古典的極限では,式 (9.41) は,式 (9.18) に帰着する。た

166　第9章　非平衡統計力学と変分原理

だし，$\beta = 1/k_B T$である。

　さらに，非線形の一般公式を求めると，それは

$$\sigma_F \equiv \lim_{t \to \infty} \mathrm{Tr} \left\{ \frac{j \rho_{反対称}(t)}{F} \right\} = \int_0^\infty \mathrm{d}t \int_0^\beta \mathrm{d}\lambda \left\langle j(-i\hbar\lambda) j(t\,;F) \right\rangle_{eq} \tag{9.44}$$

となる[5]。ただし，$j(t\,;F)$は次式

$$j(t\,;F) = e^{-t\mathcal{H}/i\hbar} j e^{t\mathcal{H}/i\hbar}; \qquad \mathcal{H} = \mathcal{H}_0 + \mathcal{H}_1 \tag{9.45}$$

で定義される着物を着た流れの演算子（dressed current operator）である[5]。

9.2.4　線形および非線形輸送現象における不可逆性とエントロピー生成

　非平衡熱力学では[3],[4]，不可逆性（時間の対称性の破れ）はエントロピー生成が正であること，すなわち

$$\left(\frac{\mathrm{d}S}{\mathrm{d}t} \right)_{irr} > 0 \tag{9.46}$$

によって特徴づけられる。ところが，輸送現象（不可逆定常状態）でエントロピー S が時間とともに増え続け，式（9.46）の不等式を満たすことを第1原理的に（フォン・ノイマン方程式から出発して）導くのは長い間の難問であった。もちろん，いままでにもいろいろな説明が行われてきた。確率的記述に基づく緩和現象のエントロピーとしては次のフォン・ノイマンエントロピー

$$S(t) = -k_B \mathrm{Tr} \rho(t) \log \rho(t) \tag{9.47}$$

が有効であり，$\sigma_S \equiv \mathrm{d}S/\mathrm{d}t > 0$を示すことは多くの場合あまり難しくはない[3],[4],[12]。しかし，輸送係数に関する久保理論[7]のようにフォン・ノイマン方程式から出発して量子力学的にきちんと議論すると，よく知られているように[3],[4]，式（9.47）で定義されるフォン・ノイマンエントロピーの時間変化は

恒等的にゼロになる。そこで，いろいろなエントロピーの定義が提案され，エントロピー生成がそれらの定義を用いて議論されてきた。筆者の新しい理論の立場からみると，どれも理論的に不満足であるか，誤っている。もっともよく知られているわかりやすい説明は，エネルギー保存則を用いて'加えられた（電気）エネルギー（$W = IV$）がすべて熱エネルギー Q に変わり，エントロピー生成 $\sigma_S = W/T = Q/T > 0$ となる'という熱力学的議論である。

しかし，このエネルギー保存則を，フォン・ノイマンの解 $\rho(t)$ を用いて確かめるためには，線形近似の解 $\rho_1(t)$ まで使ったのでは無理である。（エネルギー保存則は疑いようのない基本法則であるが，各理論的定式化の中で確認できる必要がある。そうでなければ，その理論は矛盾していることになる。）その他の議論の問題点については，後で説明する。

上に述べたように，エネルギー保存則を用いた（エネルギー収支に基づく）現象論的なエントロピー生成の説明やその他のいろいろな議論（ズバーレフの理論[2]，$-k_B \mathrm{Tr}(\rho_0 + \rho_1(t)) \log(\rho_0 + \rho_1(t))$ をエントロピーの近似式とする試み，相対エントロピーを用いる理論[2]など）の問題点をくわしく検討しているうちに，新しい展望が拓けてきた[5]。まず，新しい視点を整理しておくと次のようになる。

9.2.5　不可逆輸送現象を扱うときのエントロピーの新しい定義

いままでのように，

(a) $-k_B \log \rho(t)$（フォン・ノイマン），

(b) $-k_B \log \rho_{\mathrm{loc}} = (\mathcal{H}_{\mathrm{loc}} - \mathcal{F}_{\mathrm{loc}})/T$（ズバーレフ），

(c) $-k_B(\log \rho(t) - \log \rho_{\mathrm{loc}})$（相対エントロピー）

などではなく，新しいエントロピー演算子 S を'平衡系のハミルトニアン'$\mathcal{H}_0$ を用いて

$$S = -k_B \log \rho_{\mathrm{eq}} = \frac{\mathcal{H}_0 - \mathcal{F}_0}{T} \tag{9.48}$$

と定義する（いままでの非平衡エントロピーの定義の問題点については，補遺14参照）。ただし，$\mathcal{F}_0 = -k_B T\, \mathrm{Tr}\{\log \exp(-\beta \mathcal{H}_0)\}$ である。この $\mathcal{F}_0$ は時間

168   第9章　非平衡統計力学と変分原理

によらないから，新理論のエントロピー生成 σ_S

$$\sigma_S = \left(\frac{dS}{dt}\right)_{irr} \equiv \frac{d}{dt}\mathrm{Tr}\,S\rho(t)$$

$$= \frac{1}{T}\frac{d}{dt}\mathrm{Tr}\,\mathcal{H}_0\rho(t) \tag{9.49}$$

で与えられる。これは，要するに，系の内部エネルギーの時間微分を温度 T で割った量がエントロピー生成という'自然な'定義である。

9.2.6　定常状態におけるエントロピー生成

輸送現象という定常状態を扱うのに，定常状態(時間によらない一定の状態)になるまでの途中の時間変化について考察することがキーポイントである。この視点に立って，定常状態でも時間とともに増大し続けるエントロピー(一見扱いが困難にみえる量)，すなわちエントロピー生成のメカニズムを第1原理的に(現象論的でなく)明らかにする。(この戦略は，9.5節で述べる不可逆で非線形な輸送現象の変分原理を発見するのにも役立った[5]。)

この第2の視点により，定常状態では電場により加えられたエネルギーは外部に熱としてただちにとり去られ，系の内部エネルギー $\langle\mathcal{H}_0\rangle_t$ も一定であり式(9.49)で定義されるエントロピー生成 σ_S もゼロとなってしまうという，いままでのとり扱いの困難が避けられる。系の内部で力学的(電気的)エネルギーが熱エネルギーに変わることそのものが不可逆性の本質であり，発生した熱エネルギーを外部にとり出すかどうかはどうでもよいことである(それは定常性を保つためにのみ問題となる[5])。

さて，上の新しいエントロピー生成の定義によると，驚くべきことに(わかってしまえば当たり前に思えるが)，線形近似の密度行列 $\rho_{線形}(t) = \rho_0 + \rho_1(t)$ を用いると，式(9.49)はゼロとなってしまう。それは，$\mathcal{H}_0$ と $\rho_1(t)$ との対称性が異なるためトレースをとると消えてしまうからである。そこで，2次の項 $\rho_2(t)$ まで考慮すると今度は消えずに正しい結果($\sigma_S > 0$)の出ることが次のようにしてわかる。すなわち，$\mathrm{Tr}\,\mathcal{H}_0\rho_2(t)$ の項が残るのである。無限次まで入れて一般に考えると，非平衡状態の対称成分(ゆらぎ) $\rho_{対称}(t)$ がエントロピー生成に利くのである[5]。

$$\sigma_{\mathrm{S}} = \frac{1}{T}\frac{\mathrm{d}}{\mathrm{d}t}\mathrm{Tr}\mathcal{H}_0\rho_{\text{対称}}(t) = \frac{1}{T}\mathrm{Tr}\mathcal{H}_0\frac{\mathrm{d}}{\mathrm{d}t}\rho_{\text{対称}}(t) \tag{9.50}$$

一方，久保理論[7]を一般化した非線形版では，流れの平均値 $\boldsymbol{J}_{\mathrm{F}}$ は非平衡状態の反対称成分 $\rho_{\text{反対称}}(t)$ を用いて

$$\boldsymbol{J}_{\mathrm{F}} = \mathrm{Tr}\boldsymbol{j}\rho_{\text{反対称}}(t) \tag{9.51}$$

と表され，より具体的には式(9.44)の σ_{F} を用いて $\boldsymbol{J}_{\mathrm{F}} = \sigma_{\mathrm{F}}\boldsymbol{F}$ と与えられる[5]。

もちろん，対称成分 $\rho_{\text{対称}}(t)$ と反対称成分 $\rho_{\text{反対称}}(t)$ とはフォン・ノイマン方程式を通して，次のようにからみ合っている。

$$\mathrm{i}\hbar\frac{\partial}{\partial t}\rho_{\text{対称}}(t) = \left[\mathcal{H}_0, \rho_{\text{対称}}(t)\right] + \left[\mathcal{H}_1(t), \rho_{\text{反対称}}(t)\right] \tag{9.52}$$

および

$$\mathrm{i}\hbar\frac{\partial}{\partial t}\rho_{\text{反対称}}(t) = \left[\mathcal{H}_0, \rho_{\text{反対称}}(t)\right] + \left[\mathcal{H}_1(t), \rho_{\text{対称}}(t)\right] \tag{9.53}$$

たとえば，$\rho_1(t)$ と $\rho_2(t)$ は次式の解である。

$$\mathrm{i}\hbar\frac{\partial}{\partial t}\rho_1(t) = \left[\mathcal{H}_0, \rho_1(t)\right] + \left[\mathcal{H}_1(t), \rho_0(t)\right] \tag{9.54}$$

$$\mathrm{i}\hbar\frac{\partial}{\partial t}\rho_2(t) = \left[\mathcal{H}_0, \rho_2(t)\right] + \left[\mathcal{H}_1(t), \rho_1(t)\right] \tag{9.55}$$

上の式(9.55)を式(9.50)に代入すると，外力 F の2次までの近似では

$$\sigma_{\mathrm{S}} = \frac{1}{T}\mathrm{Tr}\left\{\frac{\mathcal{H}_0\left[\mathcal{H}_1, \rho_1(t)\right]}{\mathrm{i}\hbar}\right\} = -\frac{1}{T}\mathrm{Tr}\left\{\frac{\left[\mathcal{H}_1, \mathcal{H}_0\right]}{\mathrm{i}\hbar}\right\}\rho_1(t)$$

$$= \frac{1}{T}\mathrm{Tr}\,\boldsymbol{j}\cdot\boldsymbol{F}\rho_1(t) = \frac{1}{T}\langle j\rangle\boldsymbol{F} = \frac{\boldsymbol{J}\cdot\boldsymbol{F}}{T} = \frac{\sigma F^2}{T} > 0 \tag{9.56}$$

170 第9章 非平衡統計力学と変分原理

となる[5]（ここで，恒等式 $\mathrm{Tr}\, \boldsymbol{A}[\boldsymbol{A}, \boldsymbol{B}] = 0$ を用いた）。したがって，輸送係数 σ が正であれば，エントロピー生成 σ_S は正となり，不可逆性が示せたことになる[5]。（ただし，簡単のために式（9.56）では，$\mathcal{H}_1(t) = \mathcal{H}_1 = -\boldsymbol{A}\cdot\boldsymbol{F}$ のように時間 t によらないとした。また，流れ演算子 $\boldsymbol{j}$ は $\boldsymbol{j} = \dot{\boldsymbol{A}} = [\boldsymbol{A}, \mathcal{H}_0]/i\hbar$ で定義される。）

以上の議論は孤立系として行われているので，発熱にともなって系の温度 T は時間とともに上昇するが，その変化 ΔT は外場 F^2 以上のオーダーになり[5]，式（9.56）のエントロピー生成を表す式の温度 T は線形応答の範囲ではもとの温度でよい（補正は F^4 のオーダーである）[5]。いずれにしても，エントロピー生成の符号は変わらない。

一般の非線形の場合も，同様に

$$\sigma_S(F) = \frac{1}{T}\mathrm{Tr}\,\mathcal{H}_0\frac{\mathrm{d}}{\mathrm{d}t}\rho_{\text{対称}}(t) = \frac{1}{T}\mathrm{Tr}\,\mathcal{H}_0\big[\mathcal{H}_1(t), \rho_{\text{反対称}}(t)\big]$$

$$= \frac{1}{T}\mathrm{Tr}\,\boldsymbol{j}\cdot\boldsymbol{F}\rho_{\text{反対称}}(t) = \frac{1}{T}\langle\boldsymbol{j}\rangle_F\cdot\boldsymbol{F} = \frac{1}{T}\boldsymbol{J}_F\cdot\boldsymbol{F} = \frac{\sigma_F F^2}{T} > 0 \qquad (9.57)$$

となる[5]。ただし，σ_F は $\boldsymbol{J}_F = \sigma_F \boldsymbol{F}$ で定義される非線形輸送係数である[5]。

一般の非線形輸送現象の場合には，温度 T は時間 t とともに上昇する（その変化の仕方も内部エネルギーの値 $\langle\mathcal{H}_0\rangle_t$ から求められる[5]）が，式（9.57）のエントロピー生成の符号は変わらない。系を文字どおり定常に保つためには発生した熱を外にとり出さなければならないが，これを現象論的に表現し，しかも輸送現象（流れ）の本質をそこねないようにしてエントロピー生成が導ける定式化としては，密度行列の対称成分にのみ緩和項を式（9.28）につけ加えればよい[5]。くわしくは，9.2.11項を参照してほしい。

まとめると，非平衡の状態密度 $\rho(t)$ の反対称成分 $\rho_{\text{反対称}}(t)$ が流れを与え，対称成分 $\rho_{\text{対称}}(t)$ がエネルギー散逸，すなわちエントロピー生成を与え，不可逆性を記述する[5]。したがって，とりもなおさず輸送係数を表す公式（9.41）または一般に式（9.44）が，どのような状況で正になるかに不可逆性は依存する。有限系では代数的関係式を用いて $\sigma = 0$ となる（すなわち不可逆性は示せない）

が，体積Vを先に無限大にしてから時間積分を行うと，$\sigma > 0$となり[8]不可逆性が示せる[5]。この極限操作の順序は不可逆性の理論では本質的に重要である。

9.2.7 新理論からみたエネルギー保存則

エネルギー散逸をエネルギー保存則で説明することの問題点を9.2.3項に述べたが，ここで，新理論の視点からもう少しくわしく議論してみよう。式(9.52)〜(9.55)などを用いて，エネルギー$\langle \mathcal{H} \rangle = \langle \mathcal{H}_0 \rangle + \langle \mathcal{H}_1 \rangle$の時間変化を調べてみると，($\mathrm{Tr}\, A[A, B] = 0$などの恒等式を用いて）容易に

$$\mathrm{Tr}\, \mathcal{H}(\rho_0 + \rho_1(t)) = 保存しない$$
$$\mathrm{Tr}\, \mathcal{H}(\rho_0 + \rho_1(t) + \rho_2(t)) = 一定$$
$$\vdots$$

一般に

$$\mathrm{Tr}\, \mathcal{H}(\rho_0 + \rho_1(t) + \cdots + \rho_{2n-1}(t)) = 保存しない$$
$$\mathrm{Tr}\, \mathcal{H}(\rho_0 + \rho_1(t) + \cdots + \rho_{2n}(t)) = 一定 \tag{9.58}$$

であることがわかる[5]。これらの結果は，新理論の代数的構造も表しており，たいへん教訓的である。9.2.3項に指摘した，いままでのエントロピー生成の理論の問題点や誤りも，これらの結果からすべて説明できる[5]。

9.2.8 ブラウン運動の理論を用いた不可逆性・エントロピー生成の説明

以上，フォン・ノイマン方程式から出発してエントロピー生成・不可逆性を量子論的に論じたが，これを古典論的に直観的に，ブラウン運動[2],[13]〜[15]の式（力Fを加えた式）

$$m\frac{\mathrm{d}v(t)}{\mathrm{d}t} = -\zeta v(t) + \eta(t) + F \tag{9.59}$$

を用いて説明し直してみよう。これによって，量子論的説明がより明解になるであろう[5]。

9.2.9 一定の力を受けたブラウン粒子の運動とエントロピー生成・不可逆性

重力中の雨滴の落下運動（最終的には定常な終端速度運動）のような一定の

172   第9章　非平衡統計力学と変分原理

力Fのもとでのブラウン運動はランジュバン方程式(9.59)で記述できる。このような定式化でエントロピー生成はどうなるか考えてみる。上述した量子力学的理論での対称性による非平衡状態$\rho(t)$の分類($\rho_{対称}(t)$および$\rho_{反対称}(t)$)にヒントを得て，逆に古典論的とり扱いでも対称性の異なる2つの方程式をつくり，それらを新しい視点で解釈する。

　まず，反対称的な表式である，ブラウン粒子の平均速度$\bar{v}(t)=\langle v(t)\rangle$は式(9.59)の平均をとって$\langle \eta(t)\rangle=0$より，次の方程式

$$m\frac{\mathrm{d}}{\mathrm{d}t}\bar{v}(t)=-\zeta\bar{v}(t)+F \tag{9.60}$$

で表される。次に，ブラウン粒子の運動エネルギーの平均値$E(t)=(1/2)m\langle v^2(t)\rangle$は，式(9.59)に$v(t)$をかけ平均をとって

$$\bar{v}(t)F=\frac{\mathrm{d}E(t)}{\mathrm{d}t}+\frac{\mathrm{d}U(t)}{\mathrm{d}t} \tag{9.61}$$

という対称的な方程式を満たすことが容易にわかる。ここで，$\mathrm{d}U(t)/\mathrm{d}t$は

$$\begin{aligned}\frac{\mathrm{d}U(t)}{\mathrm{d}t}&=\zeta\langle v^2(t)\rangle-\langle v(t)\eta(t)\rangle=\zeta\langle v^2(t)\rangle-\frac{\varepsilon}{m}\\&=\zeta\left(\langle v^2(t)\rangle-\langle v^2(t)\rangle_0\right)\end{aligned} \tag{9.62}$$

で定義される[5]。(最後の等式の変形には式(9.7)すなわち$m\langle v^2(t)\rangle_0/2=\varepsilon/(2\zeta)$を用いた。また，$\langle\cdots\rangle_0$は$F=0$のときの平均である。)これは，ブラウン粒子からまわりの媒質に単位時間あたり力Fによって誘起されて移動する(発生する熱の)エネルギーを表すことがわかる。すなわち，式(9.61)の左辺は力Fのする仕事率であり，その仕事によるエネルギーがブラウン粒子の力学的(すなわち運動)エネルギー$E(t)$となり，さらにこれが媒質の熱エネルギー$U(t)$に変わる〈図9.4〉。実際，式(9.59)の解

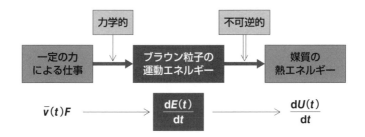

〈図9.4〉一定の力 F のもとでのブラウン運動におけるエントロピー生成および不可逆性の模式図

いままでの理論では，図の左半分の力学的エネルギーの変化のみ議論されていた．不可逆性の本質は図の右半分の熱エネルギー発生そのものにある．それを直接求めるには，定常状態に達する途中も $(dE(t)/dt$ の実質的な変化を通して) 考慮することがキーポイントである．

$$v(t) = e^{-\gamma t}\left(\int_0^t e^{\gamma s}\left(\frac{\eta(s)}{m}\right)ds + v(0)\right) + \frac{F}{\zeta}\left(1 - e^{-\gamma t}\right) \tag{9.63}$$

を用いると，移動度 $\mu = 1/\zeta = 1/(m\gamma)$ に対して，

$$\bar{v}(t)F = \mu F^2\left(1 - e^{-\gamma t}\right) \tag{9.64}$$

$$\frac{dE(t)}{dt} = \mu F^2\left(1 - e^{-\gamma t}\right)e^{-\gamma t} \tag{9.65}$$

および

$$\frac{dU(t)}{dt} = \mu F^2\left(1 - e^{-\gamma t}\right)^2 \tag{9.66}$$

となる (ただし，$\langle v(0) \rangle = \bar{v}(0) = 0$ とした)．十分大きな時間 ($t \to \infty$) に対する定常状態では $dE(t)/dt = 0$ となり，$dU(t)/dt = F^2/\zeta = \mu F^2$ という結果が得られる．したがって，定常状態 ($t \to \infty$) でのエントロピー生成 σ_S は

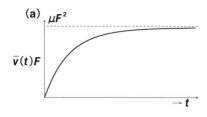
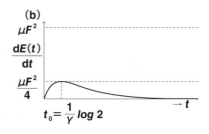
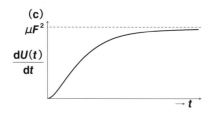

〈図9.5〉各エネルギー変化率の時間依存性
(a)外力による仕事率 $\bar{v}(t)F$ (または電力 $J(t)E$),
(b)ブラウン粒子の運動エネルギーの変化率 $dE(t)/dt$, および(c)熱エネルギー(またはジュール熱)の増加率 $dU(t)/dt$。

$$\sigma_S = \lim_{t \to \infty} \frac{1}{T} \frac{dU(t)}{dt} = \frac{\mu F^2}{T} \tag{9.67}$$

という予想された表式となる。この様子は〈図9.4〉に模式的に示されている。それら3つのエネルギーの変化率を図示すると, 〈図9.5〉のようになる。加えた力 F(または電場 E)のする仕事率 $\bar{v}(t)F$(または電力 $J(t)E$)がまずブラウン粒子(または荷電粒子)の運動エネルギーに変換され, やがてそれが媒質(空気や導体)の熱エネルギー(荷電粒子のジュール熱)になり, エントロピーが生成され, 不可逆性が現れる[5]。

このとり扱いでも, 定常状態になるまでの途中の過程を考慮することが本質的であることがわかる。さもないと, 不可逆性に重要な役割を果たすブラウン粒子のエネルギー変化 $dE(t)/dt$ が定常状態ではゼロとなって, その役割がみえにくくなる。この状況は量子的とり扱いでも, 定常状態ではみかけ上 $d\langle \mathcal{H}_0 \rangle/dt = 0$ となり, 類似している。途中の過程を考察することにより, $U(t) = \langle \mathcal{H}_0 \rangle_t$ の実質的時間変化(式(9.50)および(9.57)参照)が導ける[5]。これにより, 輸

送現象におけるエントロピー生成すなわち不可逆性の本質が理解できることになる。〈図9.5〉からわかるように，3つのエネルギーの変化には時間差があることが不可逆性にとって本質的である[5]（定常状態だけを形式的に扱うと，このメカニズムがわからない）。

9.2.10 直流電圧下での電気伝導とエントロピー生成

上の議論で粒子に電荷をもたせれば，そのまま電気伝導の式に翻訳できる[2],[5]。すなわち，定常状態のエントロピー生成 σ_S は，古典論的には

$$\sigma_S = \frac{1}{T}\lim_{t\to\infty}\left(\zeta\langle j^2(t)\rangle - \left\langle j(t)\mathrm{e}\sum_{j=1}^{n}\eta_j(t)\right\rangle\right) = \frac{\zeta\langle j(t)\rangle^2_{t=\infty}}{T} = \frac{\sigma E^2}{T} \tag{9.68}$$

となる。ただし，σ は $\langle j(t)\rangle = \sigma E$（$t\to\infty$ に対する定常電流）の式で定義される電気伝導度である。

このように，エントロピー生成の古典論的とり扱いにより，量子論的輸送現象の不可逆性とエントロピー生成の物理的メカニズムがより明確になる。

9.2.11 線形現象から非線形現象までのエントロピー生成

輸送現象の不可逆性・エントロピー生成が非平衡状態の対称成分の時間変化からとらえられることがわかった。媒質も含めて系全体を定常状態に保つには，媒質に発生した熱を系の外にとり出さなければならない。フォン・ノイマン方程式の対称成分 $\rho_{対称}(t)$ に関する方程式(9.52)の右辺に緩和項 $-(\rho_{対称}(t) - \rho_0)/\tau_r$ をつけ加えることにより，系全体を温度 $T_{定常}(\tau_r)$ の定常状態に保つことができる[5]（ただし，τ_r は熱を外にとり出す速さを表す緩和時間を表す）。とくに $T_{定常}(0) = T$ である。すなわち，$\tau_r = 0$ は発生した熱を瞬時に外にとり出し，系の温度をもとのままに保つことを意味する。この緩和項は密度行列の対称成分にのみ作用し，流れに関係する反対称成分はもとのフォン・ノイマン方程式に従う[5]。よって，流れと線形輸送係数に関する久保理論には変更は生じないこと[5]を注意しておきたい。また，非線形の場合も，熱の発生のメカニズムの議論はそのまま成り立つ[5]。ここが新理論の特徴の1つである。

古典論的とり扱いと量子論的とり扱いとの対応関係も，エントロピー生成の

176   第9章　非平衡統計力学と変分原理

メカニズムを理解するのに有効である。これらは平衡から定常状態に移る途中
も考慮に入れることによって解決された。しかも，線形応答に限らず，一般の
非線形輸送現象に対しても統一的なとり扱いが可能となった[5),11]。

次節では，これらの非線形輸送現象に対する変分原理[5),11]を解説する。また，
物理以外の分野での変分原理にもふれる。

9.3　非線形非平衡現象における積分形のエントロピー生成最小の原理

前節では[1)]，輸送現象におけるエントロピー生成・不可逆性の問題を量子統計
力学に基づいて解説した。熱力学的変分原理に関しても線形応答[2)~4),7),8),17)]
の範囲ではオンサーガーの理論について議論したが，非線形の場合[5)]について
は保留した。今回は，この非線形不可逆定常輸送現象の変分原理を中心に解説
する。線形の場合には，瞬間のエントロピー生成（率）が最小という変分原理
で輸送方程式を導くことができたが，非線形の場合にはこの変分原理は破たん
する[5)]。最近，線形の場合も含む一般の非線形輸送現象に関する新しい変分原
理が提唱された[5)]。次節で，その応用としてプリゴジンらの発展規準不等式（安
定性条件）を導く。

9.3.1　変分原理の概念的意義

最初に，なぜ変分原理にこだわるかということをここで議論しておきたい。
適当なある物理量を最小にするように自然はふるまうという表現をすると，「自
然は目的をもって進展するのか」という哲学的問いにまで発展してしまうが，
ここでは，そういう哲学的議論には踏み込まないことにする。

いままでの解説でわかるとおり，物理の各分野に応じて変分原理の果たす役
割はその趣きがだいぶ異なる。それでも，変分原理には共通した特徴がある。
それは，力学の言葉を使うとわかりやすいと思われるが，「変分原理は座標系
によらない」ということである。アインシュタインの「自然法則は座標系によ
らない」という視点とも対応して，変分原理は本質的重要性をもっているとい
える[18)]。変分原理から発展規準（安定性条件）のような基本的な法則が導かれ
ることもある。

もちろん，このほかにも変分原理は，すでに解説してきたとおり，さまざまな有用性をもっている。そのいくつかを列挙してみると，

1. 異なる物理の分野の法則を統一的にとらえることができ，一方の分野でよく知られたとり扱い方を他の分野に適用するさいの指針を与える。
2. 自然法則をより深く理解する手助けとなる。保存則や対称性の役割が見やすくなる。とくに，不可逆過程のように時間の対称性の破れをともなう現象を扱う場合には，本節でくわしく説明するように，変分原理の定式化を試みると，それが顕著になる。
3. 具体的な問題を解く場合にも，変分原理を用いるほうが扱いやすいことが多い。力学系でハミルトニアンやラグランジアンにあらわに現れない座標（循環座標，すなわち無視可能な座標）がある場合には，ラウス関数を用いる変分原理のとり扱いが有効である[3),17),19)]。
4. 数値計算をするさいにもきわめて有効である[3),17)]。
5. 専門外の人にもわかりやすい（他の分野の問題解決にもアナロジーとしてヒントになることがある[11)]）。

9.3.2 線形応答と非線形応答とでは変分原理の何が本質的に異なるか

前節で説明したとおり，複数の外力 $\{F_j\}$ に対する応答としての流れ $\{J_i\}$ は，式(9.19)すなわち

$$J_i = \sum_{j=1}^{r} L_{ij} F_j \tag{9.69}$$

のように輸送係数 $\{L_{ij}\}$ を用いて表される。線形応答の場合には，係数 $\{L_{ij}\}$ は外力 $\{F_j\}$ によらず，しかもオンサーガーの相反定理

$$L_{ij} = L_{ji} \tag{9.70}$$

が成り立つ。しかし，係数 $\{L_{ij}\}$ が外力 $\{F_j\}$ や流れ $\{J_i\}$ に依存する場合には，一般に相反定理は成り立たない[19)]。これが線形応答と非線形応答との大きな違いの1つである。もう1つ大きな違いは，非線形応答では，瞬間のジュール熱またはエントロピー生成最小の原理が破れることである[20)〜24)]。

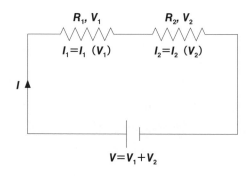

〈図9.6〉2つの抵抗R_1とR_2を直列に並べ,一定電圧Vをかけた電気回路
抵抗R_1, R_2がそれぞれ電圧V_1, V_2に依存する場合の変分原理を考察する。単に,瞬間のジュール熱 $W = I_1 V_1 + I_2 V_2 = V_1^2/R_1(V_1) + (V-V_1)^2/R_2(V-V_1)$ を最小にするだけでは,正しい結果 $I_1 = I_2 = I$ は得られない。新しい変分原理が必要となる。

9.3.3 非線形電気回路の例での新しい変分原理の発見

物理の本質をとり出して新しい原理を見つけるには,なるべく簡単な例で考えるのがよい。それはまた読者にもわかりやすいであろう。
(i) 一定電圧をかけた電気回路の場合
　〈図9.6〉のように2つの非線形抵抗$R_1(V_1)$と$R_2(V_2)$を直列に並べ,一定電圧Vをその両端にかける。瞬間のジュール熱 $W = I_1 V_1 + I_2 V_2$ は,V_1を独立変数として

$$W = \frac{V_1^2}{R_1(V_1)} + \frac{(V-V_1)^2}{R_2(V-V_1)} \tag{9.71}$$

と表せる。そこで,WをV_1で微分してWが極小となる条件を求めると,

$$\frac{dW}{dV_1} = 2(I_1 - I_2) - \left(I_1^2 R_1'(V_1) - I_2^2 R_2'(V-V_1)\right) = 0 \tag{9.72}$$

となり,(式(9.72)の右辺の第2項がゼロになる特殊な場合を除いて)正しい物

理的な結果$I_1 = I_2$は得られない。すなわち，非線形の場合は，瞬間のエネルギー
散逸（エントロピー生成）Wは変分関数にならない。

そこで，新しい変分原理を与える変分関数を探すことにする。式（9.72）の第
2項という余計なものが出ないようにする工夫を試みる。まず，ジュール熱
$W = \sum_i I_i V_i$の全微分

$$dW = \sum_i I_i dV_i + \sum_i V_i dI_i \tag{9.73}$$

のうち，独立変数をV_iとするときは第1項の微分形式$\sum_i I_i dV_i$に着目する。こ
れを平衡状態のV_iの値$V_i = 0$から任意の非平衡の値まで積分した量

$$Q = \sum_j q_j(V_j) = \sum_j \int_0^{V_j} I_j(V) dV$$
$$= \sum_j \int_0^{V_j} \sigma_j(V) V dV = \sum_j \int_0^{V_j} \frac{V}{R_j(V)} dV \tag{9.74}$$

を考える。これを変分関数とする変分原理を導入すると，そのつくり方から容
易にわかるように，今度は余分な項は現れず，〈図9.6〉の電気回路に対しては，
変分条件は

$$\frac{dQ}{dV_1} = \frac{V_1}{R_1(V_1)} - \frac{V_2}{R_2(V_2)} = I_1 - I_2 = 0 \tag{9.75}$$

となり，正しい物理的結果を与えることがわかる[5]。任意個数の抵抗を直列に
つないだ回路でも，まったく同様の議論で正しい結果を与えることが容易に示
せる。任意の電気回路に対して全体の電圧Vを一定にして，各回路の電圧を変
分とする変分原理の変分関数は式（9.74）で与えられることが帰納法的に示せ
る[5]。

(ii) 一定電流のもとでの電気回路の場合

次に，並列回路が主となるホイートストンブリッジの場合などで，全体の電
流Iを一定にして，各回路の電流分布$\{I_i\}$を変分原理で求める場合には，全微

分(9.73)の第2項の積分

$$\tilde{Q} = \sum_j \tilde{q}_j(I_j) = \sum_j \int_0^{I_j} V_j(I) \mathrm{d}I$$
$$= \sum_j \int_0^{I_j} R_j(I) I \mathrm{d}I \tag{9.76}$$

を変分関数に採用し，電流 $\{I_j\}$ で変分すると正しい物理的結果が得られる[5]。この意味で，Q と $\tilde{Q}$ とは双対関係にある。

抵抗や電場が空間的に連続的に変化する場合には，電流も電場 $E(r)$ と位置ベクトル r の関数として $I(E(r), r)$ と書けるので，Q や $\tilde{Q}$ も空間積分となる。

$$Q = \int Q(r) \mathrm{d}r = \int \mathrm{d}r \int_0^{E(r)} I(E, r) \cdot \mathrm{d}E \tag{9.77}$$

および

$$\tilde{Q} = \int \tilde{Q}(r) \mathrm{d}r = \int \mathrm{d}r \int_0^{I(r)} E(I, r) \cdot \mathrm{d}I \tag{9.78}$$

これらの表式をみると，各点での変分関数は変分するとき微分するので，それぞれ電流や電圧の表式を与えるように積分形にしただけにみえるが，変分原理は体系全体の電流分布や電圧分布を大域的に与えるのが目的であり，変分のさいの微分は全体に関する束縛条件（電圧 V や電流 I が一定などの条件）のもとでの微分であることを強調しておきたい。そこに新しい変分原理の物理的意義がある。

9.3.4 新変分原理の一般的定式化

電気回路の例で新しい変分原理の骨子はわかったので，一般の不可逆定常輸送現象に対する定式化とさまざまな応用例を用いて以下に説明したい。一般的に位置 r における外力を $F(r)$，それによって誘起される流れを $J(r)$ と書くことにする。たとえば，

（ⅰ）電気回路では，

$$F(r) = E(r) = -\mathrm{grad}\, \varphi(r) \tag{9.79}$$

と表される。ここで，$\varphi(r)$ は静電ポテンシャル，対応する流れ $J(r)$ は電流

$I(r)$ を表す.

（ ii ）粒子の拡散現象。粒子密度を $n(r)$ とすると，密度の差によって起こる拡散に対する力 $F(r)$ は

$$F(r) = -\mathrm{grad}\ n(r) \equiv -\nabla n(r) \tag{9.80}$$

で与えられる。対応する流れベクトル $J(r)$ は粒子流 $n(r)v(r)$ を表す。ただし，$v(r)$ は点 r における流速ベクトルである。

（iii）熱伝導。温度 T が位置 r とともに変化して $T = T(r)$ と書けるときには，"熱界" $F(r)$ を導入する[5]：

$$F(r) = \nabla\left(\frac{1}{T(r)}\right) = -\frac{1}{T^2(r)}\nabla T(r) \tag{9.81}$$

熱流 $j(r)$ は，理想的な場合にはエネルギー密度演算子 $h(r)$ と速度演算子 $v(r)$ との対称積として表されるが，粒子間に相互作用があると少し複雑になる[5]。

（iv ）一連の化学反応[4]。反応物質 $X_0, X_1, \cdots, X_n$ の間の反応速度をそれぞれ $v_1, v_2, \cdots, v_n$ とし，親和力をそれぞれ $A_1, A_2, \cdots, A_n$ とすると，これらは直列の電気回路における電流と電圧に対応する[4]。したがって，化学反応は電気回路とまったく同形の変分原理で扱える[5]。

さて，一般の不可逆輸送現象に対する変分原理を与える変分関数 Q および $\tilde{Q}$ は次のように定義される，

$$Q = \int Q(r)\mathrm{d}r = \int \mathrm{d}r \int_0^{F(r)} J(F, r)\cdot \mathrm{d}F \tag{9.82}$$

および

$$\tilde{Q} = \int \tilde{Q}(r)\mathrm{d}r = \int \mathrm{d}r \int_0^{J(r)} F(J, r)\cdot \mathrm{d}J \tag{9.83}$$

これら変分関数が正しい物理的結果を与えることは，容易に一般的に証明できる（くわしくは次の逆問題の項を参照）。また，2種類の変分関数 Q と $\tilde{Q}$ は〈図9.7〉に示されたような関係にある。すなわち，$Q + \tilde{Q} = W$（瞬間のエネルギー散逸）を満たし，互いに双対関係にある。とくに，線形の場合（〈図9.7〉の点線の場合）

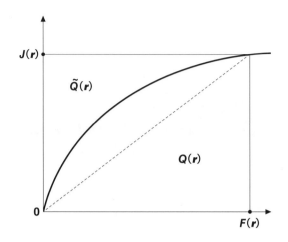

〈図9.7〉 積分形の変分関数 $Q(r)$ と $\tilde{Q}(r)$ および瞬間のエネルギー散逸 $W(r)$ との関係[5]
非線形輸送現象の場合は，変分関数 $Q(r)$ は曲線の下側の扇形の面積で表され，変分関数 $\tilde{Q}(r)$ は上側の面積で表される。それらの和が瞬間のエネルギー散逸 $W(r)$ になる。すなわち，$Q(r) + \tilde{Q}(r) = W(r)$ の関係にある。線形応答の場合の $J(r)$ と $F(r)$ との関係は図の点線（直線）で示されており，$Q_{線形}(r) = \tilde{Q}_{線形}(r) = (1/2)J(r)F(r) = W_{線形}(r)$ である。

には

$$Q_{線形}(r) = \tilde{Q}_{線形}(r) = \frac{1}{2}J(r) \cdot F(r) = \frac{1}{2}W_{線形}(r) \tag{9.84}$$

が成り立っている。したがって，線形応答の範囲では，瞬間のエネルギー散逸 $W_{線形}$ を用いた変分原理は結果的に（実質的に）積分形の変分原理と同じ変分条件（オイラー–ラグランジュ方程式）を与えることになる（因子 1/2 は変分条件に影響を与えない）。すなわち，不可逆過程のオンサーガーの変分原理は瞬間のエネルギー散逸（エントロピー生成）に基づく理論であるので線形応答に限られていたが，「平衡から非平衡にいたる途中の過程も考慮した積分形のエントロピー生成を最小にする」という新しい概念の導入により，一般の不可逆な非線形応答に関する変分原理が樹立された[5]。

ここまでは新変分原理の定式化を具体例から出発して発見法的に説明してき

たが，次に示すように，変分学の逆問題として変分関数をオイラー–ラグランジュの方程式を解いて上の変分関数を求めることもできる。

9.3.5 逆問題を解いて変分関数 $Q(r)$ および $\tilde{Q}(r)$ を求める

ここでは，物理的な変分条件すなわち定常流の条件

$$\mathrm{div}\, \boldsymbol{J}(r) = \mathrm{div}\left(\sigma\big(\boldsymbol{F}(r), r \big) \boldsymbol{F}(r) \right) = 0 \tag{9.85}$$

を与えるような変分関数

$$I = \int_a^b f\big(\varphi(x),\ \varphi_x,\ x \big)\,\mathrm{d}x \tag{9.86}$$

を探すという変分学の逆問題を考える。ただし，簡単のために，r の代わりに力の方向の成分 x（スカラー）を用いることにする。また，$\varphi(x)$ は密度 $n(x)$ や温度 $T(x)$ などのような"一般のポテンシャル"を表すものとする。式 (9.85) はこの記号では

$$\frac{\mathrm{d}}{\mathrm{d}x}\big(\sigma(\varphi_x, x)\,\varphi_x \big) = 0 \tag{9.87}$$

と表せる。ここで，$\varphi_x = \partial\varphi(x)/\partial x$ である。また，位置 x における輸送係数 σ は力 φ_x と位置 x に依存する。変分関数 (9.86) に対するオイラー–ラグランジュ方程式は

$$\frac{\mathrm{d}}{\mathrm{d}x}\left(\frac{\partial f}{\partial \varphi_x} \right) - \left(\frac{\partial f}{\partial \varphi} \right) = \varphi_{xx} f_{\varphi_x \varphi_x} + \varphi_x f_{\varphi_x \varphi} + f_{\varphi_x x} - f_\varphi = 0 \tag{9.88}$$

となる[1]。この式から，式 (9.87) が得られるように $f(\varphi(x), \varphi_x, x)$ を決定したい[5]。ただし，$\varphi_x = \partial\varphi/\partial x,\ \varphi_{xx} = \partial^2\varphi/\partial x^2,\ f_\varphi = \partial f/\partial \varphi,\ \cdots$ などを表す。ここでは十分条件として，適当に f を決めて式 (9.87) が得られればよいと考える。そこで，式 (9.88) の左辺と式 (9.87) の左辺とが比例するとする，次のような十分条件を考えてみる[5]：

$$\frac{\mathrm{d}}{\mathrm{d}x}\left(\frac{\partial f}{\partial \varphi_x}\right) - \frac{\partial f}{\partial \varphi} = g\left(\varphi_x, x\right)\frac{\mathrm{d}}{\mathrm{d}x}\left(\sigma\left(\varphi_x, x\right)\varphi_x\right) = 0 \tag{9.89}$$

ここで，比例関数 $g(\varphi_x, x)$ は変分関数 f が求められるように適当に決める。これをそのまま解こうとすると2階偏微分方程式となりモンジュ（G. Monge）の解法[25] に頼ることになるが，これを解析的に解くのは至難のわざである。そこで，解けるような場合を探すことにする。輸送係数 σ の非線形性を式(9.87)に与えたように，σ がポテンシャル φ そのものは含まず力 φ_x の関数である場合をまず考える。この場合には，求める変分関数 f も φ を含まない形で解 f が求まる可能性がある[5]。よって，f は φ を含まないとして解 f を探すことにする：

$$f_\varphi = 0 \quad (\text{したがって，} \quad f_{\varphi_x \varphi} = f_{\varphi \varphi_x} = 0) \tag{9.90}$$

こうして，f に関する条件式(9.89)はより簡単な式

$$\frac{\mathrm{d}}{\mathrm{d}x}\left(\frac{\partial f}{\partial \varphi_x}\right) = g\frac{\mathrm{d}}{\mathrm{d}x}\left(\sigma\varphi_x\right) \tag{9.91}$$

となる。そこで，さらに1つの十分条件として g が定数である場合を考えて変分関数 f を求めると，積分定数はゼロとおいて

$$f(\varphi_x, x) = g\int_0^{\varphi_x}\sigma(y, x)y\mathrm{d}y \tag{9.92}$$

となる。定数 g は任意であるから，$g = -1$ とおいてもよい。こうすると，

$$f(\varphi_x, x) = \int_0^{\varphi_x}J(y, x)\mathrm{d}y \tag{9.93}$$

とも書ける。ただし，$J(\varphi_x, x)$ は

$$J(\varphi_x, x) = \sigma(\varphi_x, x)F(x) = -\sigma(\varphi_x, x)\varphi_x \tag{9.94}$$

で与えられる。こうして，前に発見法的に与えた変分関数 f が式(9.93)のように予想どおりに求められる。

さらに，輸送係数 σ が φ_x でなく φ そのものの関数の場合には，非常に面倒

な偏微分程式を解かなければならなくなる。プリゴジンらが不可逆非線形定常過程の変分原理を見出そうと長年夢みて努力していたようであるが成功しなかったのは，このような特別難しい例を最初に考えたからであると思われる[20]～[24]。プリゴジンは，具体的に熱伝導の問題で，熱伝導度κが温度勾配$\boldsymbol{F}(\boldsymbol{r}) = -\nabla T(\boldsymbol{r})$の関数ではなく，温度そのものの関数の場合，すなわち$\sigma = \sigma(T(\boldsymbol{r}), \boldsymbol{r})$の場合を解こうとした[20]～[24]。

このような$\sigma = \sigma(\varphi(x), x)$に対する変分関数は，たいへん面倒な解析の結果[5]，1つの十分条件として変分関数fは

$$f = \frac{1}{2}\sigma^2(\varphi(x), x)\varphi_x^2 \tag{9.95}$$

と与えられることがわかる[5]。したがって，変分Iは次の"重みつき"積分で与えられることがわかる。

$$I = \frac{1}{2}\int \sigma^2(\varphi(x))\varphi_x^2(x)\mathrm{d}x = \int \mathrm{d}x\, w(x)\int_0^{\varphi_x} \sigma(\varphi(x), x)y\mathrm{d}y \tag{9.96}$$

ただし，重み$w(x)$は$w(x) = \sigma(\varphi(x), x)$である。この変分$I$に対するオイラー–ラグランジュ方程式が熱拡散方程式（定常解）

$$\mathrm{div}\left(\kappa(T(x), x)\nabla\left(\frac{1}{T(x)}\right)\right) = 0 \tag{9.97}$$

を与えることを直接確かめることは容易である（式(9.96)で$\sigma = \kappa$とおく）。

9.3.6　旧方式の変分原理を仮に使った結果との比較：新変分原理の物理的意義

以上に説明した積分形の変分原理の物理的意味合いを知るために，非線形の場合に仮に（無理に）旧方式の変分原理，すなわち瞬間のジュール熱最小の原理を用いて決めた電圧を$V_1^\dagger$，$V_2^\dagger = V - V_1^\dagger$とし，それぞれの抵抗のジュール熱を$W_1^\dagger = I_1(V_1^\dagger)V_1^\dagger$，$W_2^\dagger = I_2(V_2^\dagger)V_2^\dagger$とし，正しい値$W_1^* = I_1(V_1^*)V_1^*$，$W_2^* = I_2(V_2^*)V_2^*$と比較してみる。〈図9.8〉に示したような$I$–$V$曲線の2つの抵抗では，$W_1^\dagger < W_2^\dagger$となる。この条件のもとでは，くわしく調べると，次の

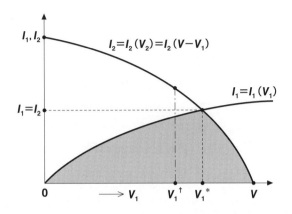

〈図9.8〉電気回路〈図9.6〉における非線形電圧-電流特性曲線と新変分原理[7]
網をかけた部分が新変分原理で積分形のジュール熱Qの最小値に対応する。正しい定常電流の関係式$I_1 = I_2$が得られる。それに対応する抵抗R_1, R_2のジュール熱をそれぞれW_1^*, W_2^*とする：$W_i^* = I_i(V_i^*)V_i^*$, $i = 1, 2$。この非線形回路に旧式の瞬間のジュール熱最小の原理で決めた電圧を$V_1^\dagger$, $V_2^\dagger (= V - V_1^\dagger)$とする。それに対応するジュール熱をそれぞれ$W_1^\dagger$, $W_2^\dagger$とする：$W_i^\dagger = I_i(V_i^\dagger)V_i^\dagger$, $i = 1, 2$。図のような特性曲線では，$W_1^\dagger < W_2^\dagger$となり，この条件のもとでは教訓的な不等式$W_1^* > W_1^\dagger$および$W_2^* < W_2^\dagger$が示せる。

興味深い不等式

$$W_1^* > W_1^\dagger \quad \text{および} \quad W_2^* < W_2^\dagger \tag{9.98}$$

が導ける[26]。この不等式の物理的意味は次のように解釈できる。旧方式で決めたジュール熱が小さい抵抗素子の正しい値はより大きくなり，逆に大きいほうの正しい値はより小さくなる。これは昨今話題となっているエネルギー節約の問題（先進国と発展途上国でそれぞれの現在のエネルギー消費率をもとにしたエネルギー節約案の妥当性の是非）においても教訓となるであろう[11]。

9.3.7 積分形のエントロピー生成の物理的意義

前節のエントロピー生成の話でも強調したように，定常状態の不可逆性を議論するのに平衡から非平衡に至る途中を考慮することが本質的である。それをあらわに表現したものが積分形のエントロピー生成（またはエネルギー散逸）

である。これを用いて非線形不可逆定常系の変分原理が構成できることになった。これはたいへん教訓的な結果である[11]。

本節では簡単のために，外力が1つの場合を扱ったが，次節では，多数の外力がありオンサーガーの相反定理が成り立たない一般の非線形定常系に対する変分原理[26]をくわしく説明する。さらに，非定常現象（散逸力学系など）の変分原理についてもふれる。

9.4 個別変分原理とその応用に向けて

前節では[1]，オンサーガーの相反定理と無関係な，単独の外力の場合における非線形定常系での変分原理を解説した。そこでは，積分形のエントロピー生成（またはエネルギー散逸）が重要な役割を果たすことを示した[5]。外力が2つ以上でも，線形応答の場合には[2~4),7),8),19)]オンサーガーの相反定理は成り立つが，非線形輸送現象の場合には一般には成り立たない[19]。そのため，線形の場合のように異なる種類の外力に対するエントロピー生成の総和を扱う変分原理は前節のように積分形に拡張しても成り立たない。そこで，本節では，最近の新しい発展[11),27)]を紹介する。また，最後に，変分原理に関連したさまざまな問題に簡単に言及する。

9.4.1 複数個の外力のある場合の '個別変分原理'

外力が複数個ある場合の流れ $\{J_i\}$ を式 (9.69) のように書くと，その係数 L_{ij} は一般に外力 $\{F_k\}$ の関数になる。

$$J_i = \sum_j L_{ij}\left(\{F_k\}\right) F_j \tag{9.99}$$

このとき，相反定理は成り立たない。

$$L_{ij}\left(\{F_k\}\right) \neq L_{ji}\left(\{F_k\}\right) \tag{9.100}$$

そのため，これら複数個の外力すべてに対する積分形のエネルギー散逸の総和

188   第9章　非平衡統計力学と変分原理

に対しては変分原理は成り立たない。しかし幸いにも，1個の外力に対する新変分原理を複数個の外力の場合には，次のように拡張すればよいことがわかる[27]。すなわち，次のような個別の積分形エネルギー散逸

$$Q_i = \int Q_i(r)\mathrm{d}r$$
$$\equiv \int \mathrm{d}r \int_0^{F_i(r)} J_i\big(F_1(r), \cdots, F_{i-1}(r), F_i, F_{i+1}(r), \cdots, F_n(r)\ ;\ r\big)\cdot \mathrm{d}F_i \quad (9.101)$$

を最小にする。ただし，力F_i以外の他の力$\{F_j\}$が流れJ_iに与える交差効果はすべてQ_iに含まれている。ここで，$i = 1, 2, \cdots, n$である。双対形の$\tilde{Q}_i$に対しては，

$$\tilde{Q}_i = \int \tilde{Q}_i(r)\mathrm{d}r$$
$$\equiv \int \mathrm{d}r \int_0^{J_i(r)} F_i\big(J_1(r), \cdots, J_{i-1}(r), J_i, J_{i+1}(r), \cdots, J_n(r)\ ;\ r\big)\cdot \mathrm{d}J_i \quad (9.102)$$

を最小にする。これらを'個別変分原理'とよぶ[27]。系全体のエネルギー散逸$Q = \sum_i Q_i$を最小にする変分原理は線形の場合には成り立つが，非線形の場合には成り立たない。それは，線形では相反定理が成り立つが，非線形では成り立たないからである。そこで，相反定理と無関係に成り立つ変分原理が上に述べた個別変分原理である。系全体の定常解$\{F_i(r)\ ;\ i = 1, 2, \cdots, n\}$は個別に変分をとって求めた方程式，すなわち，変分解

$$F_i(r) = F_i\big(\{F_j(r)\}\ ;\ j \neq i\big)\ ;\qquad i = 1, 2, \cdots, n \tag{9.103}$$

の連立方程式の解として与えられる。このn個の$\{F_i(r)\}$に関する連立方程式が実際に解をもつことも，一般的な物理的条件（$\{J_i(\{F_j(r)\})\}$の単調性や交差効果よりも対角効果（L_{jj}の効果）のほうが大きいことなどの条件）のもとで示される[27]。このような個別変分原理はもちろん線形の場合にも適用できて，従来の変分原理と同じ結果を与える。電流や熱流のように種類の異なる流れによって生じるエネルギー散逸を別々に最小にするという個別変分原理は，複数

の外力によって互いにからみ合っているが，わかってみればごく自然な原理に思える[27]。

ついでながら，以上の変分原理の説明は現象論的であるが，積分形のエネルギー散逸（率）の統計力学的表式

$$Q_i(r) \equiv \int_0^{F_i(r)} J_i\left(\{F_k; k \neq i\}, F_i\right) \cdot \mathrm{d}F_i$$

$$= \int_0^{\infty} \mathrm{d}t \, e^{-\varepsilon t} \int_0^{\beta} \mathrm{d}\lambda \sum_{j=1}^{n} \int_0^{F_i(r)} \left\langle j_i(-i\hbar\lambda) \, j_j\left(t; \{F_k\}\right) \right\rangle_{eq} F_j \cdot \mathrm{d}F_i \quad (9.104)$$

が求まることを強調しておきたい[27]。ここで，$J_i(t; \{F_i\})$ は外力 $\{F_i\}$ があるときの，いわば「着物を着た」[*1]流れ演算子である。

9.4.2 グランズドルフ-プリゴジンの「発展規準」の導出

非線形非平衡系の熱力学を建設しようとして，グランズドルフ（P. Glansdorff）やプリゴジン（I. Prigogine）らは，その第一歩として不可逆定常系の'安定性条件'としての不等式を現象論的に提唱した[20]～[24]。それは，n 種類の外力 $\{X_i\}$ とそれに共役な流れ $\{J_i\}$ に対する瞬間の（微小変分としての）エントロピー生成（率）が正にならない条件を表す不等式

$$\mathrm{d}_X P \equiv \int \mathrm{d}r \sum_{i=1}^{n} J_i \mathrm{d}X_i \leq 0 \quad (9.105)$$

である。ここで，$\int \mathrm{d}r$ は系全体に関する体積積分を表す。いままで議論してきたように，不可逆現象ではエントロピー生成は正である。式（9.105）は，定常状態の近傍で仮想的に変分 $\mathrm{d}X_i$ を考えたとき，定常状態が安定であるために満たすべき条件を表している。この意味で，それは'安定性条件'または'発展規準'とよばれている。プリゴジンらは具体的に非線形の熱伝導や化学反応を例に議論し，その妥当性を主張した[20]～[24]。これらの問題は物理の立場からみるとたいへん複雑でありとり扱いにくいうえに，彼らの不等式は仮説であって

[*1] ハイゼンベルク表示の演算子の時間変化は通常は外場を含まないハミルトニアン $\mathcal{H}_0$ で与えられるが，外場まで含んだ全ハミルトニアン $\mathcal{H}$ で時間変化する演算子を「着物を着た演算子」という。

190   第9章 非平衡統計力学と変分原理

導出（証明）が行われていないため，現在まで必ずしも多くの人に受け入れら
れてこなかったように思われる。

　そこで，ここでは非常にわかりやすい〈**図9.9**〉の電気回路を例にして，この
安定性条件すなわち発展規準不等式の物理的意義および非線形非平衡熱力学的
役割を説明する。まず簡単のために，外力は電圧（電位差）のみ（$n = 1$）の場合
を最初に議論する。体積積分 $\int dr$ は離散的になり，抵抗1と2との和になる。
式 (9.105) の左辺 $d_X P$ は

$$d_V P = I_1 dV_1 + I_2 dV_2 \tag{9.106}$$

と表される。条件 $V_1 + V_2 = V$（一定）より $dV_2 = - dV_1$ となるから，式 (9.106) は

$$d_V P = \left(I_1 - I_2\right) dV_1 \tag{9.107}$$

の形に変形できる。前に説明したとおり，新変分原理より，定常状態では $I_1 = I_2$ である。すなわち，$d_V P = 0$ である。この解の近傍の状態を仮想的に考えて，
いま仮に $I_1 > I_2$ の状態にあったとすると，この状態はより安定な $I_1 = I_2$ の定
常状態に近づこうとして，I_1 は小さくなりそれに応じて V_1 も小さくなる。す
なわち変分 $dV_1 < 0$ となる。したがって，$d_V P < 0$ となる。逆に，$I_1 < I_2$ とす
ると，I_1 は大きくなり $dV_1 > 0$ となる。よって，再び $d_V P < 0$ となる。いずれ
にしても，定常状態が安定になるための条件は不等式 (9.105) で表されること
になる。

　このような簡単な例でも事の本質が明らかにできる。そればかりでなく，上
の説明では電流と電圧の線形性は仮定していない。使われた条件は，両者の間
の単調性（$I = I(V)$ が V の単調増加関数であること）だけである。このことから
も，発展規準 (9.105) が線形定常系だけでなく非線形定常系でも成り立つとす
るプリゴジンらの主張は妥当なものであると期待される。以下において，これ
をより一般化した発展規準を導く。

　次に，外力が複数ある場合（再び，わかりやすくするため2種類の場合）を考
える。本質を浮き彫りにするために，〈**図9.9**〉の電気回路に温度差のような，
もう1つの外力 F（各素子の両端ポテンシャルの差）を考え，それに共役な流れ

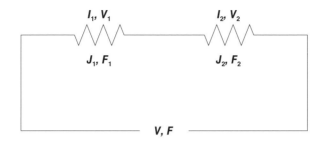

〈図9.9〉電圧$\{V_1, V_2\}$のほかにもう1つの外力(たとえば温度差, すなわち温界)$\{F_1, F_2\}$が加わった電気回路
ここで, $V_1 + V_2 = V$, $F_1 + F_2 = F$である。

をJで表すことにする。そこで, 各素子$i = 1, 2$について, 流れと力の関係式を一般に(非線形応答も含めて),

$$\begin{pmatrix} I_1 \\ J_1 \end{pmatrix} = l \begin{pmatrix} V_1 \\ F_1 \end{pmatrix} ; \quad l = (l_{ij}) \equiv \begin{pmatrix} l_{11} & l_{12} \\ l_{21} & l_{22} \end{pmatrix}$$

および

$$\begin{pmatrix} I_2 \\ J_2 \end{pmatrix} = m \begin{pmatrix} V_2 \\ F_2 \end{pmatrix} ; \quad m = (m_{ij}) \equiv \begin{pmatrix} m_{11} & m_{12} \\ m_{21} & m_{22} \end{pmatrix} \tag{9.108}$$

と書くことにする。輸送係数$\{l_{ij}\}$と$\{m_{ij}\}$はそれぞれ素子1と2の外力V_1, F_1およびV_2, F_2に依存する(定数の場合も含む)。この場合のプリゴジンらの発展規準は

$$d_X P = \sum_i I_i dV_i + \sum_i J_i dF_i \leq 0 \tag{9.109}$$

となる。すなわち, 2種類の外力によるエネルギー散逸の総和に関する不等式になっている。

じつは, プリゴジンらの発展規準をより強くした'個別発展規準'

192   第9章 非平衡統計力学と変分原理

$$\mathrm{d}_{X_i} P = \mathrm{d}Q_i \equiv \int \mathrm{d}\boldsymbol{r}\, \boldsymbol{J}_i(\boldsymbol{r}) \cdot \mathrm{d}\boldsymbol{X}_i(\boldsymbol{r}) \leq 0 \; ; \qquad i = 1, 2, \cdots, n \tag{9.110}$$

が，次の段落で示すように新変分原理から一般的に導出できる[27),30)]。したがって，プリゴジンらの発展規準(9.105)は不等式(9.110)の和をとることにより，新変分原理から導出される。この意味で，プリゴジンらの発展規準は彼の予言したとおり[20)]，新変分原理という一般原理への第一歩であったことがわかる。

さて，それではなぜ，新個別変分原理から，'個別発展規準'(9.110)が導けるかを説明しよう。それは，個別変分原理が成り立てばその当然の帰結として導ける不等式である。すなわち，変分$\mathrm{d}Q_i$がゼロのとき定常解になるので，定常状態の近傍から安定な定常解に向かう変分$\mathrm{d}Q_i$を考えれば，いつも式(9.110)が成り立たなければならないのである。これは相反定理とは無関係な不等式であり，非線形でも一般に成り立つ。

ちなみに，個別変分原理で求めた解の方程式(9.103)が本当に解をもつことをその式のもとで一般的条件で議論したが，〈図9.9〉のような2つの素子に働く2種類の力VとFにより2種類の流れIとJが生じる例では，両境界で異符号になる連続な関数は必ず零点をもつという定理を用いて，具体的に解の存在を証明することができる。その方法は一般の場合に拡張できる[27)]。

ついでながら，

$$\begin{pmatrix} I \\ J \end{pmatrix} = L \begin{pmatrix} V \\ F \end{pmatrix} \tag{9.111}$$

で定義される輸送係数行列Lは式(9.108)で定義される各素子の輸送係数行列$l = (l_{ij})$と$m = (m_{ij})$を用いて，定常状態($I_1 = I_2 = I$および$J_1 = J_2 = J$)では，非線形応答の場合でも

$$L = \left(l^{-1} + m^{-1}\right)^{-1} \tag{9.112}$$

と表されることが容易に示されることを注意したい（これは直列抵抗に関する公式$R = R_1 + R_2$に対応している）。

9.4.3 磁気単極子（モノポール）と非平衡統計力学

もしモノポールが存在すれば，静磁場H中でも非平衡現象が静電場中と同様に起こることになる。すなわち，モノポールの移動による磁気流の磁気伝導度σ_mに関しても，電気伝導度σの公式とまったく同形の公式が成り立つ。したがって，2つの外力HとEに関する相反定理が非線形応答でも成り立つ。

9.4.4 非一様磁場中の磁気モーメントの拡散現象と脳科学への応用（拡散MRI）

モノポールが存在しないとしても，非一様静磁場中では磁気モーメントの拡散が起こる[28]。最近，この現象は「拡散MRI」という医療技術として脳科学の研究や治療に利用されつつある[29]。このように，9.2節にくわしく説明した拡散現象に対するアインシュタインのブラウン運動の理論や，その後の非平衡統計力学の発展が，最近の医療技術の進展にまで貢献していることを強調したい。

9.4.5 非定常な不可逆現象に対する変分原理について

散逸項のある力学的運動方程式は，時間反転に対して対称的な力学的な項と時間反転対称性を破る散逸項という，2つの対称性の異なる項を含むため，物理的に意味のある変分原理を見出すのは長い間の難問であった。この難問は，経路に依存した積分形のエネルギー散逸（エントロピー生成）の効果をラグランジアンに考慮することによって解決できることがわかった[30]。

この散逸系の変分原理を与えるラグランジアンの定式化の要点を，減衰調和振動子という簡単な例を用いて説明する。1次元で考えることにして，振動子の座標を$x(t)$とすると，その系の運動方程式は

$$m\ddot{x}(t) = -\zeta\dot{x}(t) + F(x) \tag{9.113}$$

で与えられる。ただし，mは振動子の質量，ζは粘性抵抗係数，および$F(x)$は系に働く力を表す（調和振動子では$F(x) = kx$の形をとる。ここで，kはバネ定数である）。

よく知られているように，$\zeta = 0$の可逆な力学系に対するラグランジアン$\mathcal{L}$は

$$\mathcal{L} = T - V \tag{9.114}$$

で与えられる。ただし，

$$T = \frac{1}{2} m \dot{x}^2 (t) \ \text{および} \ V = -\int_0^x F(x') \mathrm{d}x' \tag{9.115}$$

である。ところで，粘性抵抗の項 $-\zeta \dot{x}(t)$ があるときには，物理的に意味のあるラグランジアンを見つけるのが非常に困難であると思われていた。そのため，こういう時間反転対称性を大局的に破る系の変分原理は存在しないものと思われていた。

この難問は，上にも述べたとおり，最近次のような工夫によって解決された。不可逆現象の特徴は，拡散現象などを除けば，いままで強調してきたように熱が発生することである。しかも，それは途中の経路に依存するので，通常の力学系のポテンシャルとは本質的に異なり，時刻 t の関数として表そうとすると，経路（path）に依存した積分になる [30]。くわしくは，9.5節および原論文を参照してほしい [30]〜[33]。

9.5 散逸ダイナミクスの変分原理

前節までは主として，不可逆な輸送現象に対する変分原理を議論してきた。ここでは，散逸ダイナミクスに対する変分原理を見出すという長い間の難問に対する筆者の研究結果 [26],[33] を簡単に紹介する。

9.5.1 散逸力学系の変分原理の難しさ

散逸（熱発生）のある系を記述する方程式は，純粋の力学系の方程式（たとえば，ニュートンの方程式）と異なり，時間反転性を破る項を必ず含んでいるため，散逸ダイナミクスの変分原理を見出すには，通常の力学系のラグランジアンの構築とはまったく異質な工夫が要る。

このような難しい状況を打破する際には，できる限り簡単な散逸系のモデルに対して試みるのがよい。そこで，次のような1次元の典型的な散逸系のモデル

$$m\ddot{x}(t) + \zeta\dot{x}(t) = F(x(t)); \qquad F(x) = -\frac{dV(x)}{dx} \tag{9.116}$$

をまず扱うことにする。式 (9.116) の左辺の第2項 $\zeta\dot{x}(t)$ が散逸項を表し，時間反転対称性を破る問題の項である。ここで，m は考えている粒子の質量，$x(t)$ は時刻 t における粒子の位置座標，ζ は粘性係数，$F(x)$ は x にいる粒子に働く外力を，それぞれ，表す。

よく知られているように，粘性項 $\zeta\dot{x}(t)$ がない場合の変分原理を与える変分関数は，力学系のラグランジアン

$$\mathcal{L}_{\mathrm{dyn}}(t) = T(\dot{x}(t)) - V(x(t)); \qquad T(\dot{x}) = \frac{m}{2}\dot{x}^2 \tag{9.117}$$

で与えられる[26), 33)]。

粘性項 $\zeta\dot{x}(t)$ がある場合でも，散逸系のモデル方程式 (9.116) を与える変分関数はいままでにいろいろと見出されてはいる[26), 33), 34)]。たとえば，次の変分関数

$$f(x(t), \dot{x}(t)) = e^{\zeta t/m}\mathcal{L}_{\mathrm{dyn}}(t) \tag{9.118}$$

に対するオイラー–ラグランジュ方程式は散逸系のモデル方程式 (9.116) を与えることは容易に確かめられる[34)]。しかし，これは散逸のない力学系のラグランジアン $\mathcal{L}_{\mathrm{dyn}}(t)$ に単に因子 $\exp(\zeta t/m)$ をかけただけの数学的な式であり，熱発生 (散逸) を表す効果 $\zeta\dot{x}^2(t)$ と直接結びつく式には見えない。これは，このままでは，物理的意味が明らかでなく，散逸ダイナミクスの物理的ラグランジアンと見なすのは無理である。

9.5.2 散逸系のモデル方程式と熱エネルギーを含めたエネルギー保存則

熱発生効果をあらわに取り込んだ物理的な散逸ラグランジアンを見つける第一歩として，熱エネルギーを含めたエネルギー保存則を散逸系のモデル (9.116) で具体的に表してみると，

196   第9章　非平衡統計力学と変分原理

$$T\left(\dot{x}(t)\right)+V\left(x(t)\right)+W_{\text{heat}}(t)=\ 一定 \tag{9.119}$$

となる。ただし，$W_{\text{heat}}(t)$ は粘性抵抗 $\zeta\dot{x}(t)$ による，時刻 0 から t までに発生した熱の全量を表し，式で書くと，

$$W_{\text{heat}}(t)=\zeta\int_0^t \dot{x}^2(s)\mathrm{d}s \tag{9.120}$$

となる。エネルギー保存則 (9.119) を時間 t で微分すると，

$$\left(m\ddot{x}(t)+\zeta\dot{x}(t)+F\left(x(t)\right)\right)\dot{x}(t)=0 \tag{9.121}$$

となり，当然のことながら散逸系のモデル方程式 (9.116) が得られる。

9.5.3　散逸ダイナミクスの物理的散逸ラグランジアンの発見

前項の議論から，散逸ダイナミクスのラグランジアンとして

$$\mathcal{L}_{\text{diss}}^{(\text{直観})}(t)=T\left(\dot{x}(t)\right)-V(x)-W_{\text{heat}}(t) \tag{9.122}$$

を思いつく人も多いであろうが，これは正しい式 (9.116) を与えない[26),33)]。

詳しい研究の結果[26),33)]，散逸系 (9.116) を記述する次の物理的ラグランジアンが見つかった：

$$\mathcal{L}_{\text{diss}}^{(\text{物理的})}(t)=\mathcal{L}_{\text{dyn}}-\gamma\int_0^t \mathrm{e}^{-\gamma(t-s)}\mathcal{L}_{\text{dyn}}(s)\mathrm{d}s \tag{9.123}$$

ここで，$\gamma=\zeta/m$ である。この散逸ラグランジアンを時間積分して得られる作用の変分から，散逸ダイナミクス (9.116) が得られることを示すには，次の公式を用いる[26),33)]。

公式9.1：任意の解析関数 $f(t)$ と実数 τ に対して次式が成り立つ：

$$\int_0^\tau \mathrm{d}t\int_0^t \mathrm{d}t_1\cdots\int_0^{t_{n-1}} f(t_n)\mathrm{d}t_n=\frac{1}{n!}\int_0^\tau (\tau-t)^n\mathrm{d}t \tag{9.124}$$

および，

公式9.2：任意の γ と τ に対して

$$\int_0^\tau \mathrm{e}^{-\gamma(\tau-t)}f(t)=\int_0^\tau f(t)\mathrm{d}t-\gamma\int_0^\tau \mathrm{d}t\int_0^t \mathrm{e}^{-\gamma(t-s)}f(s)\mathrm{d}s \tag{9.125}$$

ここでは，散逸ラグランジアン（9.123）の物理的意義を強調したい。熱発生を表す項（式（9.123）の第2項の中の$\dot{x}^2(s)$を含む部分）が，単なる$W_{\text{heat}}(t)$ではなく，因子$e^{-\gamma(t-s)}$という重みつきになっているところが大変興味深い。しかも，重みは遠い過去になるほど小さくなる。このことは，定常系のエントロピー生成でも（非線形系では）途中の過程を取り込む必要があるという筆者の新しい物理的主張[5]と対応している。

9.6　緩和現象における不可逆性・エントロピー生成

以上に議論してきた不可逆定常過程に比べて，緩和現象のエントロピー生成を議論するほうが原理的にはやさしい。ある1つの平衡状態から出発して条件を変えて他の平衡状態に緩和する過程を扱う場合には，初めと終わりのエントロピーは平衡エントロピーで記述され，途中の過程もフォン・ノイマンエントロピー$S(t) = -k_{\text{B}}\text{Tr}\{\rho(t)\log\rho(t)\}$が有効に利用できることが多い。

9.7　おわりに

数学や物理以外の多くの科学の分野でも，変分原理は有効に利用されている。情報工学や経済学などでは，古くから変分原理は重要なテーマになっている。たとえば，国民の総幸福度を最大にする原理などが話題となっている（ブータン国王の話）。その他多くの可能性があるが，別の機会にゆずりたい。

ここに，解説した新しい研究成果については，最近，国内外の会議でしばしば講演を行った[32]。そのたびに多くの人々から有益なコメントを頂き，それが次の研究の動機になっている。とくに，陶瑞宝教授，チャカラバルティ（B. K. Chakrabarti）教授，橋爪洋一郎博士には研究・講演・原稿作成などいろいろとお世話になった。深く感謝したい。

198   第9章　非平衡統計力学と変分原理

補遺13：ランジュバン方程式（9.1）の解と式（9.7）の導出

ランジュバン方程式（9.1）は線形微分方程式であるから，その解は，

$$v(t) = e^{-\gamma t}\left[\int_0^t e^{-\gamma s}\left(\frac{\eta(s)}{m}\right)ds + v(0)\right] \tag{A13.1}$$

で与えられる。ただし，$\gamma = \zeta/m$ である。したがって，ブラウン粒子の運動エネルギーの平均は

$$
\begin{aligned}
\frac{1}{2}m\langle v^2(t)\rangle &= \frac{1}{2m}e^{-2\gamma t}\int_0^t ds_1\int_0^t ds_2 e^{\gamma(s_1+s_2)}\langle\eta(s_1)\eta(s_2)\rangle + \frac{1}{2}m\langle v^2(0)\rangle e^{-2\gamma t} \\
&= \frac{\varepsilon}{m}e^{-2\gamma t}\int_0^t ds_1\int_0^t ds_2 e^{\gamma(s_1+s_2)}\delta(s_1-s_2) + \frac{1}{2}m\langle v^2(0)\rangle e^{-2\gamma t} \\
&= \frac{\varepsilon}{m}e^{-2\gamma t}\int_0^t e^{2\gamma s}ds + \frac{1}{2}m\langle v^2(0)\rangle e^{-2\gamma t} \\
&= \frac{\varepsilon}{2\zeta}\left(1-e^{-2\gamma t}\right) + \frac{1}{2}m\langle v^2(0)\rangle e^{-2\gamma t} \tag{A13.2}
\end{aligned}
$$

となる。ただし，$\langle v(0)\eta(t)\rangle = 0$ を用いた。したがって，ブラウン粒子の運動エネルギーは，時間 t が $t\to\infty$ の極限では

$$\frac{1}{2}m\langle v^2(t)\rangle \to \frac{\varepsilon}{2\zeta} \tag{A13.3}$$

で与えられる[2]。

補遺14：いままでの非平衡エントロピーの定義とエントロピー生成理論の問題点

実際のところは，正しい理論がわかってはじめて，いままでの理論の問題点が明らかになるものであり，それを適確に前もって説明するのは困難であ

る。そこで，大雑把にその問題点を以下に述べ，正しい理論を紹介してから，再度いままでの理論との比較をすることにする。

(a) フォン・ノイマンエントロピー

フォン・ノイマンエントロピー(9.47)は，前節で述べたとおり時間変化しないので，エントロピー生成は説明できない。

(b) ズバーレフのエントロピー

ズバーレフのエントロピーは

$$S_{\text{Zub}}(t) = -k_{\text{B}} \text{Tr} \rho_{\text{Zub}}(t) \log \rho_{\text{loc}} = -k_{\text{B}} \text{Tr} \rho_{\text{Zub}}(t) \left(\mathcal{H}_{\text{loc}} - \mathcal{F}_{\text{loc}} \right) \quad \text{(A14.1)}$$

で定義される[16]。ただし，ρ_{loc} は

$$\rho_{\text{loc}} = \frac{e^{-\beta(\mathcal{H}_0 + \mathcal{H}_1)}}{Z(\beta)}; \qquad Z(\beta) = \text{Tr} e^{-\beta(\mathcal{H}_0 + \mathcal{H}_1)} \quad \text{(A14.2)}$$

で定義される[16]。いま問題としている電気伝導の場合には，電場 $\boldsymbol{E}$ とそれに共役な $\boldsymbol{A}$ を用いて，

$$\mathcal{H}_1 = -\boldsymbol{A} \cdot \boldsymbol{E} \quad \text{(A14.3)}$$

と与えられる。$\rho_{\text{Zub}}(t)$ は，線形応答理論を非線形の場合にも近似的に使えるように，非平衡統計演算子(密度行列)の形式に拡張したものである[14]。電気伝導の場合には，電流演算子 $\boldsymbol{J} = \dot{\boldsymbol{A}}$ を用いて

$$\rho_{\text{Zub}}(t) = \exp\left(-\Phi(t) - \beta \mathcal{H}_0 + \beta \int_{t_0}^{t} \mathrm{d}s\, e^{\varepsilon(s-t)} \boldsymbol{j}(s-t) \cdot \boldsymbol{E} \right) \quad \text{(A14.4)}$$

と与えられる[16]。ここで，$\Phi(t)$ は規格化の関数である。

実際，量子テイラー展開の公式[6]

$$e^{-\beta(\mathcal{H}_0 + hQ)} = e^{-\beta \mathcal{H}_0} \left(1 + h \int_0^{\beta} Q(-i\hbar\lambda) \mathrm{d}\lambda + \cdots \right) \quad \text{(A14.5)}$$

200　第9章　非平衡統計力学と変分原理

を用いて，$\rho_{\mathrm{Zub}}(t)$ を電場の1次まで展開すると

$$\rho_{\mathrm{Zub}}^{(1\text{次})}(t)=\rho_0+\rho_1(t);\qquad \rho_1(t)=\rho_0\int_{t_0}^{t}\mathrm{d}s\int_0^{\beta}\mathrm{d}\lambda\,\boldsymbol{E}\cdot\boldsymbol{j}(s-t-\mathrm{i}\hbar\lambda) \qquad (\text{A}14.6)$$

となり，久保の線形応答理論の密度行列[7),8)]と一致する。そこで，式(A14.1)のズバーレフのエントロピーの定義式を時間微分すると，$\rho_{\mathrm{Zub}}^{(1\text{次})}(t)$ を用いる近似では，

$$\frac{\mathrm{d}}{\mathrm{d}t}S_{\mathrm{Zub}}(t)=\frac{1}{T}\mathrm{Tr}\left[(\mathcal{H}_0+\mathcal{H}_1)\frac{\mathrm{d}}{\mathrm{d}t}\rho_{\mathrm{Zub}}^{(1\text{次})}(t)\right]$$

$$=\frac{1}{T}\mathrm{Tr}\,\mathcal{H}_1\rho_1'(t)=-\frac{\sigma E^2}{T}<0 \qquad (\text{A}14.7)$$

となる。（上の最後の等式の導出には筆者の正しい理論における計算を参照してほしい）。ズバーレフは，この結果から系のエントロピー生成は正であると主張しているようであるが，少々無理である。

(c) 相対エントロピー

相対エントロピー

$$S^{(\text{相対})}(t)=-k_{\mathrm{B}}\bigl(\log\rho(t)-\log\rho_{\mathrm{loc}}\bigr) \qquad (\text{A}14.8)$$

の定義を用いて，エントロピーの時間微分を計算すると，$\rho_1(t)$ までの近似で，

$$\frac{\mathrm{d}}{\mathrm{d}t}S^{(\text{相対})}(t)=-k_{\mathrm{B}}\frac{\mathrm{d}}{\mathrm{d}t}\mathrm{Tr}\bigl[\rho(t)\log\rho(t)-\rho(t)\log\rho_{\mathrm{loc}}\bigr]$$

$$=k_{\mathrm{B}}\frac{\mathrm{d}}{\mathrm{d}t}\bigl(\mathrm{Tr}\,\rho(t)\log\rho_{\mathrm{loc}}\bigr)=\frac{\sigma E^2}{T}>0 \qquad (\text{A}14.9)$$

となり，正の値が得られる。これは，ズバーレフの定義と比較すれば容易にわかるように，単に符号を逆転させているにすぎない。すなわち，主たるフォン・ノイマンエントロピーの項 $-k_{\mathrm{B}}\mathrm{Tr}\,\rho(t)\log\rho(t)$ を基準（この時間変化はゼロ）にしているから，符号が逆転したのであり，不可逆性を示すのに，なぜ相対エントロピーでなければならないのか，その物理的根拠に乏しい。実際，正しいエントロピー生成の理論の式(9.50)では，$\rho_{\text{対称}}(t)=\rho_0+\rho_2(t)$

+…の時間変化 $\rho_2(t)$ から，エントロピー生成が現れる。すなわち，密度行列の対称成分からエントロピー生成が帰結するのであって，非対称成分からではない。もちろん，フォン・ノイマン方程式を通して両者は結びついているので，計算上はどちらを用いて表すこともできるが，物理的な論理としては，対称的なゆらぎの部分 $\rho_{対称}(t)$ から，エントロピー生成が導出される。

参考文献

1) 鈴木増雄：「変分原理と物理学」，パリティ 2012 年 4 月より連載.

2) 鈴木増雄：『統計力学』岩波書店(2000)岩波オンデマンドブックス(2016 年 1 月).

3) M. L. Bellac, F. Mortessagne and G. G. Batrouni：『統計物理学ハンドブック——熱平衡から非平衡まで——』鈴木増雄，豊田正，香取眞理，飯高敏晃，羽田野直道 訳，朝倉書店(2007).

4) I. プリゴジン，D. コンデプディ：『現代熱力学——熱機関から散逸構造へ——』妹尾学，岩元和敏 訳，朝倉書店(2001).

5) M. Suzuki：Physica A **390**, 1904(2011)，**391**, 1074(2012)，**392**, 314(2013)，および **392**, 4279 (2013).

6) M. Suzuki：Commun. Math. Phys. **183**, 339(1997), J. Math. Phys. **38**, 1183(1997)and Prog. Theor. Phys. **100**, 475(1998).

7) R. Kubo：J. Phys. Soc. Jpn. **12**, 570(1957).

8) R. Kubo, M. Toda, N. Hashitume：*Statistical Physics* II, Springer(1991)，およびその中の引用文献，Physica A **392**, 4279(2013).

9) H. Nakano：Prog. Theor. Phys. **15**, 77(1955)；Int. J. Modern Phys. **B7**, 2397(1993).

10) R. P. Feynman, R. B. Leighton, M. Sands：*The Feynman Lectures on Physics* Vol. II, Addison-Wesley, Reading MA, p. 14(Chapter19)(1964).

11) 鈴木増雄：「自然はゆらぎを好むが無駄を嫌う——熱エネルギーの魔力」，NHK ラジオ第 2(全国放送)「文化講演会」，2013 年 2 月 24 日(日) 21：00〜22：00 放送．また，同年 3 月 2 日(土) 6：00〜7：00 に再放送．本田財団レポート No.145(第 123 回本田財団懇談会，2012 年 10 月 1 日).

12) U. Weiss：*Quantum Dissipative Systems*, Fourth Edition, World Scientific, Singapore(2012).

13) 米沢富美子：『ブラウン運動』物理学 One Point-27, 小出昭一郎・大槻義彦編，共立出版(1986).

14) 北原和夫：『非平衡系の統計力学』岩波書店(1997).

15) 藤坂博一：『非平衡系の統計力学』産業図書(1998).

16) D. N. Zubarev, *Nonequilibrium Statistical Mechanics*, Nauka, 1971: 久保亮五，鈴木増雄，山崎義武 訳，『非平衡統計力学，上下』丸善(1976).

17) 白井光雲『現代の熱力学』共立出版(2011).

18) C. Lanczos：*The Variational Prcinciples of Mechanics*, University of Toronto Press(1949)，『解析力学と変分原理』(高橋康，一柳正和 訳)日刊工業新聞社(1992).

19) 高橋秀俊，藤村靖：『高橋秀俊の物理学講義』ちくま学芸文庫(2012)，および C. P. Poole, Jr.：『現代物理学ハンドブック』(鈴木増雄，鈴木公，鈴木彰 訳)朝倉書店(2004).

20) I. Prigogine, chapter 1：R. J. Donnelly, R. Herman, I. Prigogine (Eds.)：*Non-Equilibrium*

202　　第 9 章　非平衡統計力学と変分原理

Thermodynamics, Variational Techniques and Stability, The University of Chicago Press(1996).

21) P. Glansdorff, I. Prigogine：Physica **20**, 773(1954).

22) P. Glansdorff, I. Prigogine：Physica **30**, 351(1964).

23) P. Glansdorff, Mol. Phys. **3**, 277(1960).

24) P. Prigogine：*Introduction to Thermodynacics of Irreversible Processes*, 2nd ed., Wiley, New York (1961).

25) 矢野健太郎：『大学演習　微分方程式』裳華房(1974).

26) M. Suzuki：Proc. Japan Acad. Ser. B(執筆中)および，鈴木増雄，「数理科学」2014 年 9 月号，11 月号(サイエンス社).

27) M. Suzuki：Physica A **392**, 4279(2013).

28) 霜田光一，近角聡信，西川哲治，平川浩正：『大学演習　電磁気学』裳華房(1958).

29) D. Le Bihan：*Magnetic Resonance Imaging of Diffusion and Perfusion (Applications to Functional Imaging)* Lippincott-Raven Press, N. Y. (1995).

30) M. Suzuki：Physica A **392**, 314(2013).

31) 鈴木増雄：「経路積分と量子解析」『数理科学』連載(2013 〜 2017 年). 臨時別冊・数理科学(SGC ライブラリ)，サイエンス社(2017).

32) M. Suzuki：J. Phys, Conf. Ser. **297**, 012019(2011)；Prog. Theor. Phys. Suppl. **195**, 114(2012)；本田財団レポート No. 145(2013).

33) M. Suzuki, Physica A(執筆中).

34) 大貫義郎：岩波講座『力学』第 1 章，岩波書店(1994).

〈追記〉　9.2.8 項および 9.2.9 項に説明した内容は，最近流行の"確率的熱力学"のわかりやすい例になっている。(文献：U. Seifert, Rep. Prog. Phys. **75**, 126001(2012)，およびそこに引用されている多数の参考文献参照。)

さくいん

あ 行

アインシュタイン-オンサーガーの
　仮設　156
アインシュタインのブラウン運動
　153
鞍点法　138
イジング模型　79, 143
1次相転移　124
運動エネルギー　32
ST変換　76
AdS/CFT対応　129
エネルギー保存則　117, 195
演算子テイラー展開　72
エントロピー　9, 10, 115, 118, 122
エントロピー効果　8
エントロピー生成　9, 10, 153
　——最小の原理　159, 176
エントロピー増大の法則　118
オイラーの方程式　3
オイラー-ラグランジュの方程式　38
オンサーガーの相反定理　119, 159

か 行

ガウス的なノイズ　154
可逆　8
カノニカル分布　133
ガリレイ変換　46

カルノーサイクル　117
ギブスの自由エネルギー　121
着物を着た流れの演算子　166
キュリー-ワイス則　145
共役な運動量　38
曲率　50, 52
曲率半径　36, 50
キルヒホッフの第2法則　162
近似ハミルトニアン　144
久保公式　159
クラインの不等式　142
クラペイロン-クラウジウスの式
　123, 124
グランズドルフ-プリゴジンの発展
　規準　189
くり込み群の方法　147
経路積分　81, 82, 93
　——とシュレーディンガー方程式
　94, 96
ゲージ変換　57
原子力エネルギー　48
高次量子微分　72, 88
古典-量子対応　82
コヒーレント異状法　147
個別発展規準　192
個別変分原理　187, 188

さ 行

最小作用の原理　41
作用　82
散逸ダイナミクス　194
　——の変分原理　194
散逸ラグランジアン　196
時間相関関数　156
指数積公式　24, 27
指数積分解　76
自発的対称性の破れ　125
自由エネルギー
　ギブスの——　121
　ヘルムホルツの——　119, 137
　ランダウの——　126
自由粒子の経路積分　101
ジュール熱　9
準静的過程　10
状態数　135
状態和　79, 139
鈴木-トロッター変換　76
ズバーレフエントロピー　166, 199
スピングラス　149
積分形のエネルギー散逸　189
正準分布　133
正準変数　38
正準方程式　39
相対エントロピー　166, 200
相転移　125
相平衡　123

た 行

秩序パラメーター　125
超演算子　69
超伝導　104
調和振動子の経路積分　104
抵抗係数　158
定常拡散方程式と変分原理　17
停留関数　4

停留曲線　4

電気伝導　147
電気伝導度　158
電磁場理論の変分原理　62
統計力学　131
等周問題　4
等重率の原理　136
特殊相対論　45
トロッター公式　76, 98, 112

な 行

内部エネルギー　119
内部微分　69
2次相転移　125
2相共存線　123
熱界（温度差）　164
熱伝導　147
熱発生　194
熱力学　115
　——の相反法則　119
　——の第1法則　117
　——の第2法則　117

は 行

白色ノイズ　154
発展規準　176
　グランズドルフ-プリゴジンの——
　　189
波動と変分原理　15
波動方程式　15
　——の変分原理　21
ハミルトニアン　35, 39
ハミルトン-ヤコビの理論　38
汎関数　5
非可換演算子　67
BCH公式　28, 74, 86
非線形磁化率　149

ファインマン核　99
フェルマーの原理　42
フェルマーの変分原理　14
フォン・ノイマンエントロピー
　166, 199
フォン・ノイマン方程式　163
不可逆過程　9
不可逆現象　115
不可逆性　166
不可逆定常輸送現象　153
ブラウン運動　154
　アインシュタインの――　153
ブラウン粒子　156
ブラックホールのエントロピー　128
平均場理論　145
ベーカー‒キャンドル‒ハウスドルフ
　公式　28, 74
べき演算子の量子微分　84
ヘルムホルツの自由エネルギー
　119, 137
変分学の逆問題　16
変分原理
　個別――　187, 188
　散逸ダイナミクスの――　194
　定常拡散方程式と――
　電磁場理論の――
　波動と――　15
　波動方程式の――　21
　フェルマーの――　14
変分法　1
ホイーストンブリッジ電気回路　161
ボイル‒シャルルの法則　132
ボース‒アインシュタイン凝縮　104
ポテンシャルエネルギー　32
ボルツマンの原理　135

ボルツマン分布　136

ま　行

マクスウェル方程式　55, 64
ミクロカノニカル分布　136
密度行列　139, 141
ミンコフスキー空間　49
モノポール　193

や・ら行

輸送現象　147
ユニバーサリティクラス　128
ゆらぎ　104, 140, 146
揺動散逸定理　156
ライプニッツ則　163
ラグランジアン　20, 32
ラグランジュの未定係数法　3
ランジュバン方程式　154, 198
ランダウの変分的現象論　127
リー群　24, 27
リー代数　24, 27
量子解析　27, 67, 68, 74
量子‒古典対応　81
量子微分　71
　高次の――　88
臨界指数　127, 145
ルジャンドル変換　39
レゾルベント展開　68
ローレンツゲージ　58, 59
ローレンツ不変性　59
　電磁場の――　64
ローレンツ変換　46
ロンドンゲージ　59

著者紹介
鈴木増雄（すずき・ますお）
東京大学名誉教授。理学博士。おもな研究分野は，
統計物理学，物理数学。著書は，『統計力学』，『経
路積分の方法』，『くり込み群の方法』（いずれも
岩波書店）など多数。

変分原理と物理学

平成 27 年 12 月 30 日	発　　　行
平成 29 年 9 月 30 日	第 3 刷発行

著　者　　鈴　木　増　雄

発行者　　池　田　和　博

発行所　　丸善出版株式会社

〒101-0051　東京都千代田区神田神保町二丁目17番
編 集：電話（03）3512-3267／FAX（03）3512-3272
営 業：電話（03）3512-3256／FAX（03）3512-3270
http://pub.maruzen.co.jp/

ⓒ Masuo Suzuki, 2015

組版印刷・製本／三美印刷株式会社

ISBN 978-4-621-30009-1 C 3042　　　　Printed in Japan

JCOPY 〈(社)出版者著作権管理機構　委託出版物〉

本書の無断複写は著作権法上での例外を除き禁じられています．複写
される場合は，そのつど事前に，(社)出版者著作権管理機構（電話
03-3513-6969，FAX 03-3513-6979, e-mail：info@jcopy.or.jp）の許
諾を得てください．